I0043240

, and Habelhames

Matériaux Composites

Farid Habelhames

Matériaux Composites

Polymères Conducteurs/Semi-conducteurs

Presses Académiques Francophones

Impressum / Mentions légales
Bibliografische Information der Deutschen Nationalbibliothek: Die Deutsche
Nationalbibliothek verzeichnet diese Publikation in der Deutschen
Nationalbibliografie; detaillierte bibliografische Daten sind im Internet über
http://dnb.d-nb.de abrufbar.
Alle in diesem Buch genannten Marken und Produktnamen unterliegen
warenzeichen-, marken- oder patentrechtlichem Schutz bzw. sind
Warenzeichen oder eingetragene Warenzeichen der jeweiligen Inhaber. Die
Wiedergabe von Marken, Produktnamen, Gebrauchsnamen, Handelsnamen,
Warenbezeichnungen u.s.w. in diesem Werk berechtigt auch ohne besondere
Kennzeichnung nicht zu der Annahme, dass solche Namen im Sinne der
Warenzeichen- und Markenschutzgesetzgebung als frei zu betrachten wären
und daher von jedermann benutzt werden dürften.

Information bibliographique publiée par la Deutsche Nationalbibliothek: La
Deutsche Nationalbibliothek inscrit cette publication à la Deutsche
Nationalbibliografie; des données bibliographiques détaillées sont
disponibles sur internet à l'adresse http://dnb.d-nb.de.
Toutes marques et noms de produits mentionnés dans ce livre demeurent
sous la protection des marques, des marques déposées et des brevets, et sont
des marques ou des marques déposées de leurs détenteurs respectifs.
L'utilisation des marques, noms de produits, noms communs, noms
commerciaux, descriptions de produits, etc, même sans qu'ils soient
mentionnés de façon particulière dans ce livre ne signifie en aucune façon
que ces noms peuvent être utilisés sans restriction à l'égard de la législation
pour la protection des marques et des marques déposées et pourraient donc
être utilisés par quiconque.

Coverbild / Photo de couverture: www.ingimage.com

Verlag / Editeur:
Presses Académiques Francophones
ist ein Imprint der / est une marque déposée de
OmniScriptum GmbH & Co. KG
Heinrich-Böcking-Str. 6-8, 66121 Saarbrücken, Deutschland / Allemagne
Email: info@presses-academiques.com

Herstellung: siehe letzte Seite /
Impression: voir la dernière page
ISBN: 978-3-8416-3739-0

Copyright / Droit d'auteur © 2015 OmniScriptum GmbH & Co. KG
Alle Rechte vorbehalten. / Tous droits réservés. Saarbrücken 2015

Remerciements

Les résultats expérimentaux présentés dans ce travail ont été réalisés au Laboratoire d'Electrochimie et Matériaux (LEM), Département de Génie des Procédés, Faculté de Technologie, Université Ferhat Abbas Sétif-1, Algérie.

Je voudrais bien évidemment remercier très sincèrement Pr. Belkacem Nessark directeur du laboratoire (LEM) à l'Université Ferhat Abbas Sétif-1, pour m'avoir accueillie dans son laboratoire et avoir contribué à la réalisation de ce travail.

Je voudrais remercier Mme Mihaela GIRTAN responsable d'activité photovoltaïque au laboratoire LPhia –Angers (France), et qui s'est beaucoup investie dans notre collaboration. Elle a donné beaucoup de son temps, son énergie et ses grandes qualités humaines ont fait de cette collaboration un réel plaisir.

Je tiens ainsi à remercier toutes personnes qui m'avoir donné les moyens et leurs soutien pour réaliser ce travail.

Farid HABELHAMES

1

Liste d'abréviation et symboles

BC : bande de conduction

BV : bande de valence

HOMO : Plus haute orbitale moléculaire occupée (Highest occupied molecular orbital)

LUMO : Plus basse orbitale moléculaire inoccupée (Lowest unoccupied molecular orbital)

η_e : rendement énergétique externe

J_{cc} : densité de courant en court-circuit

V_{oc} : tension de circuit ouvert

SC : semi-conducteur

POC : polymère organique conducteur

D – A : donneur – accepteur (d'électrons)

Eg : Energie de la bande interdite (gap)

Nv : Niveau du vide

L_{Dexc} : Longueur de diffusion des excitons

ITO : Oxyde d'indium et d'étain (Indium Tin Oxide)

C : concentration d'une espèce.

I: Courant

i : Densité de courant.

E : potentiel

v : vitesse de balayage

R : Résistance

C : Capacité

Z : impédance

t : Temps

Ep : potentiel de pic

Ip : courant de pic

I_{ph} : densité de photocourant

PPy : polypyrrole

Pbith : polybithiophène

InP : phosphure d'indium

GaAs : arséniure de gallium

$LiClO_4$: perchlorate de lithium

CH_3CN : acétonitrile

ECS : électrode au calomel saturé (électrode de référence)

SIE : spectroscopie d'impédance électrochimique

VC : voltampérometrie cyclique.

Table des matières

Chapitre III

MATERIAUX COMPOSITES (ORGANIQUE-INORGANIQUES)
ET LEURS APPLICATIONS 37

Chapitre IV

SYNTHESE ET CARACTERISATION DE MATERIAUX
COMPOSITES : POLYMERE ORGANIQUE CONDUCTEUR
+ SEMI-CONDUCTEUR INORGANIQUE 45

Chapitre V

CARACTERISATION OPTIQUE ET ETUDE

INTRODUCTION GENERALE

Actuellement, les énergies fossiles sont consommées plus rapidement qu'elles ne se forment dans la nature. Il est estimé que les réserves mondiales en pétrole et en gaz seront épuisées vers 2030, si la consommation n'est pas profondément réduite.

Le photovoltaïque constitue une solution bien adaptée pour le secteur du résidentiel tertiaire qui présente un pourcentage non négligeable de la consommation énergétique mondiale. Actuellement, les matériaux couramment utilisés pour les applications électroniques et photovoltaïques sont des semi-conducteurs inorganiques tels que le silicium (Si), l'arsenic de gallium (GaAs), le tellure de cadmium (CdTe) et autres [1,2]. Cependant, les matériaux organiques révèlent plusieurs avantages par rapport aux inorganiques. Le plus important avantage vient de leur production qui est beaucoup plus facile et par conséquent beaucoup moins coûteux que les dispositifs inorganiques [1,3]. Les polymères organiques conducteurs sont attendus dans diverses applications telles que les générateurs électrochimiques, les cellules photovoltaïques, les transistors à effet de champ, les diodes électroluminescentes, les biocapteurs, les capteurs électrochimiques, les condensateurs et diodes de Schottky [4-8].

Les propriétés électroniques et optiques de polymères organiques conducteurs conjugués peuvent être améliorées par l'ingénierie moléculaire ou par mélange d'autres composés organiques ou inorganiques en vue d'obtenir des matériaux composites (organiques-inorganiques) [9]. Ces derniers sont de plus en plus utilisés en raison de leurs propriétés intéressantes telles que les propriétés mécaniques [5], thermiques [6], photoélectrochimiques [7], électriques [10] et magnétiques [9] par rapport au polymère seul. Ceci résulte de la synergie entre les propriétés des composants du matériau. Il existe plusieurs méthodes pour obtenir ces matériaux composites, mais probablement la plus prometteuse est l'incorporation de semi-conducteurs inorganiques dans les polymères organiques.

L'utilisation de ces nanoparticules semi-conducteurs inorganiques incorporés dans les mélanges de polymères organiques conjugués, est au moins intéressant pour

7

deux raisons: la première c'est que les nanoparticules semi-conducteurs inorganiques peuvent avoir des coefficients d'absorption élevée et une photoconductivité meilleure par rapport à de nombreux matériaux semi-conducteurs organiques. La deuxième résulte du fait que le caractère n-p des nanocristaux peut être modifié par des voies de synthèse [11].

Les polypyrroles (PPy) et les polythiophènes (PTh) sont des polymères organiques conducteurs conjugués en particulier qui promettent plusieurs applications, en raison de leur bonne conductivité, stabilité de l'environnement, et facilité de synthèse. Par conséquent, plusieurs approches pour préparer les matériaux nanocomposites comprenant des nanoparticules et des polymères organiques conducteurs ont été rapportées [12,13]. Ces polymères conducteurs sont généralement obtenus par voie chimique et électrochimique. Le principal avantage de la seconde méthode est lié à la réalisation de meilleures propriétés, stabilité à long terme de la conductivité [14].

Ce travail s'inscrit dans le cadre d'une nouvelle thématique portant sur l'électrosynthèse et la caractérisation physicochimique de matériaux composites hybrides organiques-inorganiques à base de polymère organique conducteur dans lequel est incorporé des nanoparticules de semi-conducteur inorganique. Cette structure présente le grand avantage d'accroitre les propriétés physicochimiques de l'interface entre le matériau organique et inorganique.

Nous présentons dans le premier chapitre des rappels bibliographiques sur les polymères organiques conducteurs particulièrement le polypyrrole et le polybithoiphène. Y sont décrits aussi le mécanisme d'électropolymérisation, et de transport de charge, leur conductivité et leurs applications. Le deuxième chapitre est consacré à la description des semi-conducteurs usuels, en particulier le phosphure d'indium (InP) et l'arséniure de gallium (GaAs). Est dans le troisième chapitre nous présentons l'application des matériaux composites obtenus à base des deux matériaux (organique-inorganique) est décrite dans la troisième partie.

Le quatrième chapitre est consacré à la description et à l'interprétation des résultats obtenus au cour de mon travail de thèse de doctorat lors de l'électrosynthèse

8

et la caractérisation électrochimique par voltampérométrie cyclique et méthode d'impédance et morphologique par MEB et par spectroscopie EDX de matériaux composites (Polymère organique conducteur (POC) + semi-conducteur inorganique (SC)).

Enfin, dans le cinquième chapitre, nous présentons les résultats expérimentaux concernant la caractérisation optique et photo-électrochimique des films de polymère organique conducteur seul et du matériau composite (POC+SC) déposés électrochimiquement sur une électrode transparente d'oxyde d'indium et d'étain (ITO). On termine ce travail par une conclusion générale qui résume l'essentiel des résultats obtenus.

Chapitre I

POLYMERES ORGANIQUES CONDUCTEURS CONJUGUES

I. GENERALITES SUR LES POLYMERES ORGANIQUES CONDUCTEURS CONJUGUES

I.1. Aspects généraux

Les polymères organiques conducteurs sont connus depuis des décennies, mais ce n'est qu'en 1977, Alan Heeger, Alan MacDiarmid, et Hideki Shirakawa ont obtenus le premier polymère conducteur ; le polyacétylène dopé à l'iode [15, 16]. Ces travaux ont été récompensés par l'attribution du prix Nobel de chimie, en l'an 2000. En effet, il apparaît que les polymères conjugués peuvent, de manière similaire aux semi-conducteurs, augmenter de façon exponentielle leur conductivité lorsqu'ils sont dopés, c'est à dire oxydés ou réduits. Depuis, la famille des polymères conducteurs s'est considérablement agrandie et les domaines d'applications envisagés sont devenus innombrables.

Si, après la découverte du polyacétylène, les propriétés de conduction ont été les plus étudiées sur le plan fondamental, de nombreuses autres caractéristiques des polymères conducteurs sont intéressantes et largement explorées aujourd'hui, en particulier leurs propriétés optiques [17,18].

Les polymères conducteurs sont étudiés et développés pour de multiples applications touchant divers domaines technologiques. Leurs propriétés sont sensibles à différents paramètres (espèce chimique, fonction chimique...) et ils peuvent ainsi être intégrés dans des capteurs. A l'heure actuelle, le développement de biocapteurs [19] est très en vogue, les débouchés potentiels étant énormes. Les propriétés de conductivité ont été utilisées pour réaliser des revêtements antistatiques [20], des blindages électromagnétiques [21] et des absorbants pour les ondes radars [22], ou bien comme matériaux conducteurs organiques sur divers substrats où l'utilisation de métaux était irréalisable ou bien trop coûteuse [23]. Ils ont également fait l'objet d'études dans le secteur de la microélectronique. Ils peuvent se substituer aux métaux dans les problèmes de lithographie [24], et peuvent aussi remplacer les semi-conducteurs classiques dans l'élaboration de transistors [25] ou de diodes [26]. Comme matériaux électrochimiques, ils permettent de réaliser des revêtements anticorrosion [27] et ils ont été étudiés pour leurs qualités de matériaux d'insertion pour des applications dans les batteries [28,29] ou les supercapacités [30]. Plus récemment, utilisant ces propriétés électrochimiques et mécaniques, ils ont fait l'objet d'études comme matériaux actifs de MEMS (MicroElectro Mechanical Systems) [31,32].

Les polymères conducteurs peuvent également trouver des applications sous forme de membranes « dynamiques », c'est à dire pouvoir moduler les propriétés de séparation en modifiant le taux de dopage du polymère conducteur chimiquement ou électrochimiquement [33]. Mais l'application des polymères conducteurs la plus prometteuse semble être comme matériau électroluminescent dans les diodes organiques électroluminescentes souples [34,35] et dans les cellules photovoltaïques [13].

Grandes familles de polymères conducteurs

Dans le tableau 1, différents polymères conjugués sont répertoriés par familles de structures chimiques (Figure 1).

Famille de polymère	Exemple
• Polyènique	Poly (acétylène) (PA)
• Aromatique	Poly (para-phénylène) (PPP)
• Aromatique	Poly (thiophène) (PTh)
hétérocyclique.	Poly (3-alkylthiophène) (P3ATh)
	Poly (pyrrole) (PPy)
	Poly (para-sulfure de phyéylène)
• Aromatique	(PPS)
hétéroatome	Poly (aniline) (PAn)
	Poly (para-phynélènevinylène)
• Mixte	(PPPV)
	Poly (para-thiénylènevinylène)
	(PPTV)

Tableau 1. *Familles de polymères conjugués.*

L'une des limites de ces systèmes π-conjugués a longtemps été leur non solubilité dans des solvants organiques, ce qui rend difficile leur caractérisation. Pour remédier à cette difficulté, on peut, dans certains cas, greffer des groupements latéraux flexibles à la chaîne principale rigide [36]. Cette modification ne se contente pas uniquement de rendre solubles les systèmes π-conjugués, elle peut leur conférer d'autres propriétés électroniques et optiques intéressantes. Ainsi la caractérisation et la mise en œuvre sont devenues possibles, mais également plus faciles, ce qui ouvre de vastes domaines d'applications.

Polyènique

trans - polyacétylène
(*trans* - PA)

cis - polyacétylène
(*cis* - PA)

Aromatique   **Aromatique hétérocyclique**

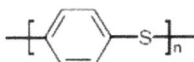

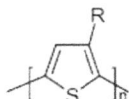   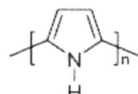

Poly(*para*-phénylène)
(PPP)

Poly(thiophène)
(PT)

Poly(3-alkylthiophène)
(P3AT)

Poly(pyrrole)
(PPy)

Aromatique hétéroatome

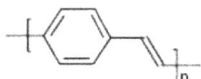

Poly(*para-sulfure de* phénylène)
(PPS)

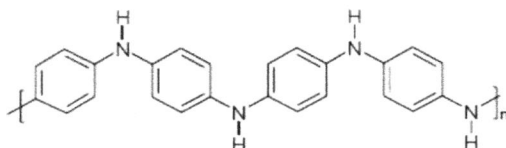

Leucoéméraldine base : forme totalement réduite
(PANI - LEB)

Mixte

Poly(*para*-phénylènevinylène)
(PPV)

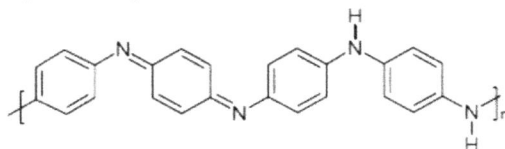

Eméraldine base : forme partiellement oxydée
(PANI - EB)

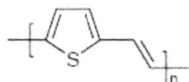

Poly(*para*-thiénylènevinylène)
(PTV)

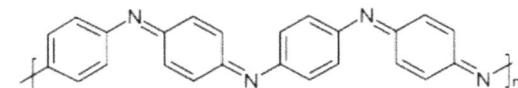

Pernigraniline base : forme totalement oxydée
(PANI - PNGB)

Figure 1. *Structure chimique de polymères conjugués.*

I.2. Structure électronique

Les niveaux des orbitales moléculaires d'une macromolécule dépendent de sa longueur (effective) de conjugaison, c'est à dire du nombre de répétition n du monomère (unité de répétition de base). La figure 3 montre l'évolution des niveaux d'énergies HOMO (Highest Occupied Molecular Orbitals: niveau d'énergie le plus hautement occupé) et LUMO (Lowest Unoccupied Molecular Orbitals: niveaux d'énergie le bas inoccupé) d'un système en fonction de n.

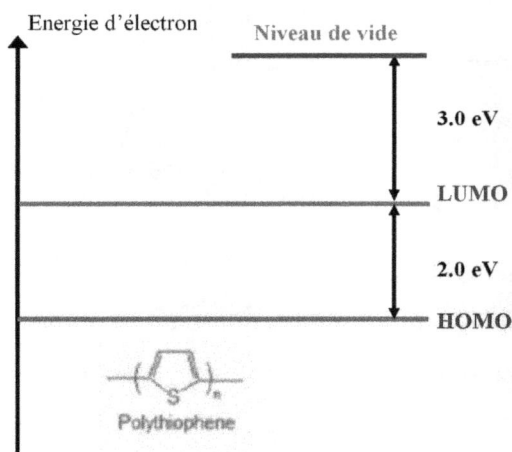

Figure 2. *Diagramme des orbitales moléculaires de polythiophène [37].*

Ainsi, lorsque n devient grand (chaîne infinie), il devient impossible de distinguer les niveaux d'énergies. D'une suite discrète de niveaux, on passe à une situation où les niveaux sont regroupés en deux bandes, au sein desquelles ils constituent un quasi-continuum :

• **Bande de valence** (BV) regroupe les états HOMO : elle est pleine à température nulle.

• **Bande de conduction** (BC) regroupe les états LUMO : elle est vide à température nulle.

La zone comprise entre la BV et la BC est appelée bande interdite « **gap** », elle est caractérisée par sa largeur **Eg**. Il n'y a pas de niveau permis dans cette bande. Elle peut aussi être décrite comme la différence entre le potentiel d'ionisation (PI : énergie nécessaire pour céder un électron du plus haut état HOMO) et l'affinité électronique (AE : énergie nécessaire pour l'acceptation d'un électron dans le plus bas état LUMO).

La plupart des polymères conjugués se situent à la « frontière » entre les semi-conducteurs et les isolants (à l'exception de ceux modifiés pour obtenir de faibles gaps [38-40]), ils possèdent un gap de quelques eV. Dans le tableau 2, sont indiqués les gaps des polymères conjugués les plus étudiés ou utilisés.

Polymères conjugué	Gap (eV)	
Trans-PA	1,4-1,5	[41,42]
PAn-EB	1,4	[43,44]
PTh	2,0-2,1	[45,46]
PPP	2,7	[47,48]
PPPV	2,5-2,7	[44,49]
PPy	3,2	[50]

Tableau 2. *Gap des principales familles de polymères conjugués.*

I.3. Photoexcitation dans les polymères organiques conducteurs

L'excitation du polymère conjugué résultant de l'absorption d'un photon incident conduit à la création d'un exciton. Les niveaux d'énergie de cet exciton sont à l'intérieur du gap du polymère. Les excitons peuvent migrer dans le film sur des sites énergétiques plus faibles [51]. Ce processus est connu sous le nom de migration de l'énergie excitonique. La durée de vie des excitons est inférieure à des centaines de picosecondes [52, 53], ils peuvent ensuite se recombiner ou non radiativement. La longueur de diffusion typique est de l'ordre de 10 nm [54, 55].

Une autre quasiparticule peut être créée lors d'une photoexcitation dans un polymère conjugué si, dans la femtoseconde qui suit l'absorption du photon, l'électron (ou le trou) de l'exciton est piégé par un défaut ou une impureté. L'association de cette charge et de la déformation locale qui lui est associée est appelée un polaron. Il peut être positif ou négatif selon le signe de la charge introduite dans la chaîne polymérique.

Pour le diagramme énergétique, la formation d'un polaron est équivalente à la création de niveaux d'énergie localisés à l'intérieur de la bande interdite, comme illustré sur la figure 3. Le caractère aléatoire de la déformation de la molécule joint à l'agitation thermique conduit à une certaine dispersion des niveaux polaroniques.

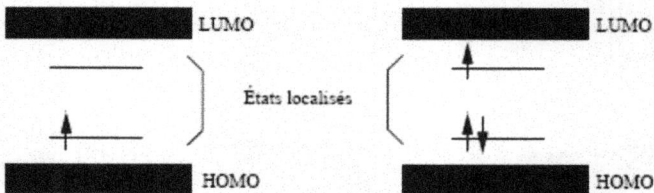

Figure 3. *Diagramme énergétique d'un semi-conducteur organique avec un polaron positif (à gauche) ou un polaron négatif (à droite).*

I.4 Polypyrrole

La synthèse du polypyrrole peut être réalisée chimiquement ou électrochimiquement. La synthèse chimique conduit fréquemment à l'obtention d'un polymère poudreux peu conducteur et peu soluble, donc impossible à mettre en œuvre sous forme de couche mince. En revanche, la polymérisation électrochimique qui permet d'obtenir des films d'épaisseur variable (quelques dizaines de nanomètres à quelques millimètres) est particulièrement intéressante pour notre étude.

I.4.1 Synthèse électrochimique

Parmi les méthodes de synthèse des polymères organiques semi-conducteurs, la procédure d'oxydation électrochimique est la plus utilisée pour former un film mince uniforme [56]. La solution d'électrolyse contient simplement le monomère et un sel et /ou un acide servant d'électrolyte support. La couche mince croit à la surface de l'électrode dans son état conducteur, ce qui permet le transfert de charge nécessaire à la poursuite du processus de croissance du polymère. Des épaisseurs importantes, (pouvant atteindre plusieurs millimètres) peuvent être obtenues par des techniques galvanostatique , potentiostatique ou potentiodynamique .

Pour notre application, l'électropolymérisation anodique offre plusieurs avantages :

- l'absence de catalyseur (méthode propre),
- le "greffage" direct du polymère conducteur sur un substrat,
- le contrôle de l'épaisseur par le contrôle de la quantité d'électricité utilisée pour la synthèse,
- la possibilité de réaliser une première caractérisation "in situ" du polymère par des techniques électrochimiques.

C'est pourquoi, en vue de notre application à la formation de couches minces, nous étudierons les conditions de synthèse électrochimiques et les propriétés physico-chimiques du polypyrrole et de quelques-uns de ses dérivés.

17

I.4.2 Mécanisme d'électropolymérisation

La formation électrochimique de polymères semi-conducteurs est un processus bien particulier qui présente cependant des similitudes avec l'électrodéposition des métaux comme le passage par une nucléation suivie d'une étape de croissance de la phase [57]. La différence majeure réside dans le fait que les espèces chargées, précurseurs du polymère, sont produites initialement par l'oxydation du monomère à la surface de l'électrode. Ceci implique la possibilité de nombreuses réactions chimiques et électrochimiques qui compliquent le mécanisme d'électropolymérisation. Si celui-ci laisse encore plusieurs questions en suspens concernant le rôle exact des oligomères dans le stade initial de dépôt, les méthodes électrochimiques ont néanmoins permis de définir les grandes étapes de la polymérisation .

Le premier stade électrochimique (E) de l'électrosynthèse consiste à oxyder le monomère en un radical cation, avec le départ d'un électron du doublet électronique de l'azote. La seconde étape est moins bien connue. Pour certains auteurs [56, 58-63], le dimère est formé par couplage de deux radicaux cations, alors que d'autres proposent une attaque électrophile d'un radical cation sur une unité monomère [56]. La réaction se poursuit par une déprotonation du dimère, qui permet sa réaromatisation. Cette réaromatisation constitue l'axe principal du stade chimique.

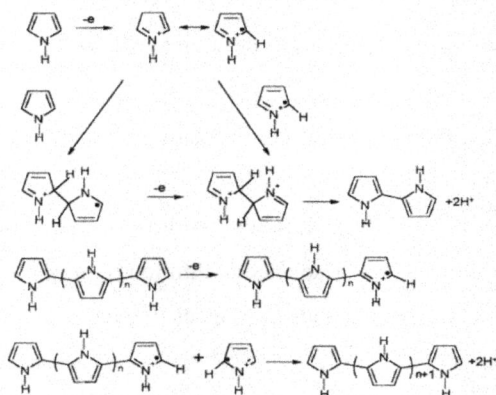

Figure 4. *Mécanisme d'électropolymérisation du pyrrole [56]*

18

Le dimère, qui s'oxyde électrochimiquement plus facilement que le monomère, se présente sous forme radicalaire et subit un nouveau couplage. Le potentiel d'oxydation des oligomères diminue avec la croissance des chaînes [59,64]. L'électropolymérisation se poursuit en passant par des stades successifs électrochimiques et chimiques selon un schéma général de type ECE, comme le montre la figure 4, jusqu'à ce que les oligomères de masse moléculaire élevée deviennent insolubles dans le milieu électrolytique et précipitent à la surface de l'électrode [65, 66]. On obtient alors, une couche mince noire de polymère adsorbée à l'électrode qui constitue le composé réactif.

I.4.3 Comportement électrochimique du polypyrrole et ses dérivés

Le comportement électroactif d'un film polypyrrole, comme celui de tous les films de polymères organiques conducteurs, est remarquable et sert d'exemple de réaction redox de polymère accompagnée d'un changement des propriétés électriques qui passe de l'état d'isolant à celui de semi-conducteur [58]. Ce comportement se distingue de celui des autres films de polymères dans lesquels ce n'est pas la structure polymèrique qui est par elle-même électroactive mais plutôt les groupements fonctionnels [67].

- *Voltampérométrie cyclique de polypyrrole*

Les films polypyrroles peuvent subir des cycles d'oxydo-réduction, passant de l'état neutre à l'état conducteur dans un domaine de potentiel compris entre -0,8 V/ECS et +0,4 V/ECS, dans l'acétonitrile, sans changement de l'allure des voltampérogrammes (figure 5). En revanche en allant vers des potentiels plus positifs (1,5 V/ECS) un large pic irréversible est observé, ceci correspond à une perte de conductivité ; on parle de suroxydation. Dans le domaine cathodique, le film est stable jusqu'à - 2,3 V/ECS.

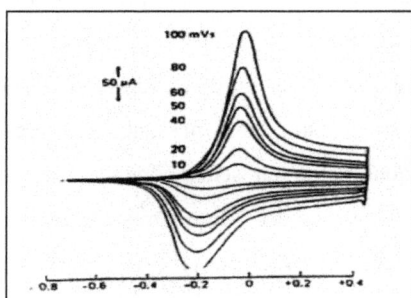

Figure 5. *Voltampérogrammes cycliques du polypyrrole sur le platine dans une solution d'acétonitrile contenant Et₄NBF₄ [67]*

Comme nous l'avons vu au paragraphe précédent, le potentiel permettant l'oxydation du monomère, égal à 1,2 V/ECS [58, 59, 66] est plus élevé que le potentiel d'oxydation du polymère. Par conséquent on peut suivre la croissance de la couche mince pendant l'électropolymérisation par l'observation de voltampérogrammes comme ceux de la figure 5. Le pic d'oxydation du polymère apparaît au potentiel E_{pa} = 0,1 V/ECS et celui de la réduction, large et non symétrique, à E_{Pc} = - 0,2 V/ECS. Le potentiel redox thermodynamique E° du système électroactif polypyrrole est calculé en faisant la moyenne de Epc et Epa (E° = (E_{pc}+E_{pa})/2) [67].

I.4.4 Influence des conditions de synthèse

La structure et les caractéristiques du polymère sont influencées par plusieurs paramètres tels que : le solvant, la nature et la concentration de l'électrolyte ainsi que la densité de courant de synthèse. Dans ce paragraphe, les paramètres expérimentaux intervenant dans la polymérisation sont décrits et discutés en vue de définir les meilleures conditions de synthèse des couches minces pour notre application.

a) - Concentration du monomère

La concentration du monomère influence le rendement d'électropolymérisation. Par exemple, la formation d'un film polypyrrole sur

20

électrode de platine n'a lieu que pour une concentration de pyrrole supérieure à 10^{-3} M alors que pour une concentration inférieure l'oxydation du monomère est possible mais ne conduit pas à la formation d'un film [68]. Baker et al. [62] ont fait varier la concentration du monomère entre 0,01 et 0,1 M dans l'acétonitrile contenant du tosylate de tétraéthylammonium (Et_4NOTs) comme électrolyte support. L'électropolymérisation est réalisée sur électrode d'or, à potentiel imposé (1,1 V/ECS). Les résultats montrent que le rendement d'électropolymérisation est fonction de la concentration [62].

b) - Nature de l'électrode

Puisque le polymère est formé par électropolymérisation anodique, il est fondamental que l'électrode ne s'oxyde pas dans le même domaine de potentiel que le pyrrole. Pour cette raison la croissance du polypyrrole est réalisée le plus souvent sur des substrats inertes tels que le platine [69], l'or [70] ou le carbone vitreux [71]. Toutefois la polymérisation sur ces métaux appliquée à la mise au point d'une méthode d'analyse de routine pose des problèmes de coût. Des substrats comme le fer et l'aluminium seraient plus intéressants même s'ils s'oxydent à un potentiel inférieur au pyrrole. Il y a donc formation d'oxyde métallique à l'interface électrode-polymère qui agit comme une barrière électronique, le processus d'électropolymérisation prenne fin lorsque l'électrode est passivée.

En dépit de ces problèmes, Nalwa et al. [71] ont développé une méthode de croissance de films de polypyrrole sur l'électrode de fer. Le polymère est formé en imposant un créneau de potentiel dont la valeur supérieure correspond au potentiel d'oxydation du monomère et la valeur inférieure à celle de la réduction des couches d'oxyde. Simultanément, l'électrode de fer est oxydée et risque donc de se passiver. Puis, l'oxydation du fer étant réversible, on réduit l'oxyde formé en appliquant le potentiel plus négatif. De cette façon la présence d'oxyde à l'électrode n'est pas observée, la polymérisation peut continuer.

D'autre part des électrodes optiquement transparentes, verre recouvert d'oxyde d'indium (In_2O_3) ou d'étain (SnO_2), sont aussi des substrats conducteurs [72]

21

intéressants parce qu'ils permettent de suivre par spectrophotométrie d'absorption, la croissance des couches de polymères.

c) - Solvant

Comme pour toute réaction électrochimique, le solvant doit avant tout être stable à température ambiante, posséder une constante diélectrique élevée afin d'assurer la conductivité ionique du milieu électrolytique et avoir un large domaine d'électroactivité. Dans le cas de l'électrosynthèse du polypyrrole la réaction est particulièrement sensible à la présence de composés comme les alcools ou les éthers qui peuvent réagir avec le radical cation mis en jeu dans la réaction de polymérisation et de ce fait empêcher celle-ci [58].

Toutes ces raisons introduisent des limitations dans le choix du solvant. Les solvants les plus couramment employés sont l'eau [73], le carbonate de propylène $CH_3CHOCO_2CH_2$ [74] et l'acétonitrile CH_3CN [75]. Les films formés dans les solvants organiques ont une meilleure conductivité (30 à 300 $\Omega^{-1}.cm^{-1}$) que ceux formés dans l'eau [71, 73].

d) - Electrolyte support

Pour assurer la conductivité ionique du milieu d'électropolymérisation, un électrolyte support doit être ajouté au solvant.

Le polypyrrole est généralement électrogénéré en présence d'anions dérivés d'acides forts tels que le perchlorate (ClO_4^-) [65,74], l'hexafluorophosphate (PF_6^-) ou le tétrafluoroborate (BF_4^-) [71,75] associés aux cations lithium (Li^+) [65, 74] ou tétraalkylammonium (R_4N^+) [74, 75].

I.5 Polythiophènes

Il existe différentes voies de polymérisations chimiques et électrochimiques pour les polythiophènes.

I.5.1 Polymérisation électrochimique

Les méthodes électrochimiques de synthèse des polythiophènes sont très utilisées [76-81]. Elles permettent une grande précision de contrôle de la réaction et donc des propriétés des polymères obtenus.

Comme dans le cas du pyrole, le mécanisme d'électropolymérisation est initialisé par l'oxydation électrochimique de monomère à la surface de l'électrode de travail, ce qui crée autour de l'électrode une couche de monomères sous forme de radicaux cations. Comme pour la synthèse chimique utilisant l'oxydant FeCl3, l'étape suivante est le couplage chimique de deux radicaux cations, qui conduit à un dimère après la perte de deux protons. Le dimère est ensuite réoxydé au contact de l'électrode, formant de nouveau un radical cation susceptible de se coupler avec un autre radical cation, et ainsi de suite. Lorsque les chaînes ainsi formées deviennent insolubles, elles précipitent à la surface de l'électrode et forment un film. Cependant, plus le film est épais et plus la chute ohmique est importante entre le potentiel fourni et le potentiel réel à l'interface électrode/solution [82]. La réaction s'achève lorsque cette chute ohmique abaisse le potentiel en dessous du potentiel d'électropolymérisation. Cette limitation est assez importante car les épaisseurs maximales sont généralement de l'ordre de quelques dizaines de microns [80,83-84].

Les polythiophènes présentent une forte hydrophobicité, ils sont rarement synthétisés en milieu aqueux. On trouve dans la littérature des exemples de synthèse en milieu acide, mais les polymères formés possèdent des longueurs de chaîne moins importantes que ceux synthétisés en milieu organique [85]. Les milieux les plus souvent utilisés sont des solvants aprotiques comme l'acétonitrile, le dichlorométhane, le carbonate de propylène ou le nitrobenzène. Pour obtenir des polymères de bonne qualité, il faut que l'électrolyte soit absolument anhydre. De la même manière que pour la synthèse par oxydation chimique, les polymères sont synthétisés à l'état dopé. Les anions dopants ont donc une forte influence sur la morphologie des polymères [76].

Les méthodes électrochimiques les plus couramment employées pour la formation de films de polymères à partir d'une solution de monomère sont la voltampérométrie cyclique, la chronopotentiométrie ou l'électrolyse potentiostatique et intensiostatique. Ces méthodes permettent de contrôler très précisément la morphologie des polymères, ainsi que la masse et l'épaisseur déposée. La voltampérométrie cyclique est intéressante pour observer la progression de la réaction [83]. Le choix du courant appliqué en chronopotentiométrie permet d'obtenir soit des films fins et homogènes (faibles densités de courant), soit des structures nodulaires (fortes densités de courant) [86,87]. La synthèse potentiostatique peut être effectuée à un seul potentiel ou par étapes successives à différents potentiels et permet d'obtenir des films fins et homogènes [84].

Dans certains cas de dérivés, le mécanisme de synthèse électrochimique n'est pas sélectif au niveau des couplages structuraux et les polythiophènes synthétisés par électrooxydation présentent 20% à 30% de couplages défectueux avec une proportion importante de couplages 2,5. Ils possèdent des degrés de cristallinité inférieurs aux polythiophènes synthétisés chimiquement [88].

I.5.2 Propriétés des polythiophènes

I.5.2.a Propriétés chimiques et optiques

Macroscopiquement, les polythiophènes sont des polymères principalement amorphes, bien que des zones cristallines soient observées lorsque les polymères sont particulièrement réguliers [86,89-91]. Comme il a été vu auparavant, ils se présentent sous différentes formes selon la méthode de synthèse utilisée.

Les synthèses électrochimiques donnent lieu à des dépôts de polymères sur les électrodes. Selon les conditions de synthèse, les films peuvent être plus ou moins épais, plus ou moins homogènes macroscopiquement, plus ou moins ordonnés microscopiquement.

La spectroscopie d'absorption UV-visible est une méthode très efficace pour caractériser les propriétés optiques des polythiophènes [90,92-94] et mesurer le gap d'énergie correspondant à la transition π-π^* dans ces polymères [95-97].

La figure 6 montre le spectre d'absorption d'un poly-3-octylthiophène (POTh) à plusieurs niveaux de dopage [98].

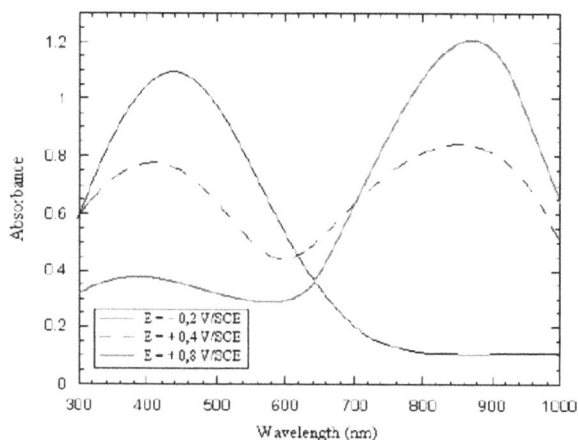

Figure 6. *Absorption UV-Vis du poly(3-octylthiophène) obtenus pour différents potentiels.*

Lorsque le polymère est à l'état neutre, il absorbe vers 450 nm, ce qui correspond à un composé de couleur rouge. Lorsque le potentiel augmente, on observe dans le cas d'oxydation du POTh un changement de structure qui se caractérise par la disparition de la bande d'absorption à 450 nm et par l'apparition d'une bande d'absorption vers 860 nm qui correspond à une couleur bleu-vert [98,99]. Ces propriétés électrochromes peuvent être modulées par le greffage de différents substituant [100].

I.5.2.b Propriétés électrochimiques

La principale caractéristique des polythiophènes est de posséder différents états électroniques selon le potentiel auquel ils sont soumis. A l'état neutre, ils possèdent d'intéressantes propriétés isolantes (conductivité $\sigma \sim 10^{-11}$ S.cm^{-1}) [101]. En revanche, une fois dopés, ils changent de structure et deviennent d'excellents conducteurs électroniques (jusqu'à 10^3 S.cm^{-1}) [102].

Le dopage des polythiophènes s'effectue soit en injectant, soit en arrachant des électrons de la chaîne polymère. Il s'en suit une délocalisation de charges négatives (électrons) ou de charges positives (trous). Plus la longueur de conjugaison est grande, plus la délocalisation est importante et meilleure est la conductivité. La planéité de la chaîne est également très importante pour obtenir une parfaite hybridation des orbitales π et donc une délocalisation optimale des charges sur toute la longueur de la chaîne. Lorsque le polymère est dopé, des ions viennent s'insérer le long des chaînes pour préserver localement l'électroneutralité. La figure 7 représente les voltamogrammes classiques des dopages négatif et positif d'un PTh.

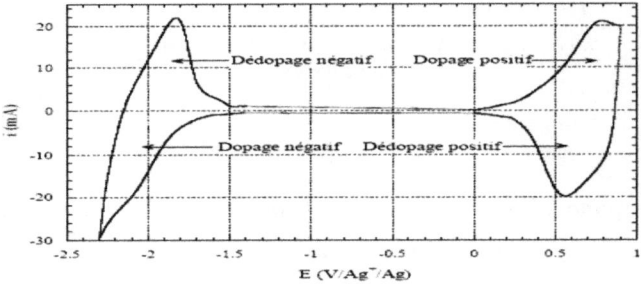

Figure 7. *Voltamogramme représentant les dopages négatif et positif d'un polythiophène.*

La vague de réduction à bas potentiel (Equation 1) correspond au dopage négatif du polymère, c'est à dire à l'injection d'électrons dans les chaînes polymères. Pour maintenir l'électroneutralité, des cations de l'électrolyte s'insèrent dans l'électrode. Le polymère devient alors conducteur. On dit qu'il est dopé n.

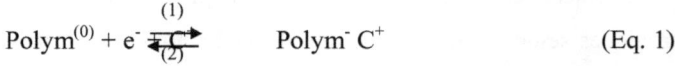

$$\text{Polym}^{(0)} + e^- \underset{(2)}{\overset{(1)}{\rightleftharpoons}} \quad \text{Polym}^- \, C^+ \qquad \text{(Eq. 1)}$$

Le pic d'oxydation associé correspond au dédopage négatif du polymère (Equation 1), c'est à dire à l'extraction des électrons injectés durant le dopage. Les cations insérés dans l'électrode se désinsèrent alors. Le polymère revient à son état neutre et isolant.

Le pic d'oxydation à haut potentiel (Equation 2) correspond à l'extraction d'électrons des chaînes polymères et à l'insertion d'anions le long de celles-ci pour préserver l'électroneutralité. Le polymère change de structure et une conduction se crée par la délocalisation de charges positives le long des chaînes.

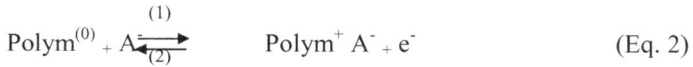

$$\text{Polym}^{(0)} + A^{-} \underset{(2)}{\overset{(1)}{\rightleftharpoons}} \quad \text{Polym}^{+} A^{-} + e^{-} \qquad \text{(Eq. 2)}$$

Le pic de réduction correspond à la réinjection des électrons dans les chaînes et au rejet dans l'électrolyte des anions insérés lors du dopage (Equation 2). Le polymère revient alors à son état neutre et isolant électronique.

Des études ont montré que la limitation cinétique des dopages était la diffusion des ions le long des chaînes plutôt que la délocalisation électronique des charges sur celles-ci [103,104]. Les polythiophènes synthétisés par oxydation ($FeCl_3$) sont obtenus dopés p, ce qui prépare leur structure à cet état oxydé [105].

La voltampérométrie cyclique (VC) permet de situer les potentiels des processus de dopage, de quantifier les quantités d'électricité mises en jeu, d'obtenir des informations sur les processus limitatifs du dopage (diffusion des ions, transfert électronique) ainsi que sur la cinétique des réactions [104-106].

La spectroscopie d'impédance électrochimique (SIE) permet d'obtenir des informations sur les propriétés des phénomènes de conduction et de diffusion dans les polythiophènes [104,107]. Les résultats de la SIE sont cependant assez délicats à interpréter, car il faut les comparer à des modèles de circuits électriques théoriques qui peuvent être très complexes. Les analyses de conductivité in-situ sont très intéressantes pour étudier les mécanismes de conduction au cours du dopage des polymères [108,109].

I.5.3 Bithiophène

Le monomère bithiophène peut être choisi a la place du thiophène pour deux raisons: le potentiel de formation du film dans ce cas est fortement déplacé vers des valeurs moins élevées (+1,05 V par rapport a l'électrode au calomel saturé ECS pour le bithiophène au lieu de +1,6 V pour le thiophène) [110,111] et on évité de plus les conditions aprotiques absolument nécessaires dans le cas du thiophène, conditions peu commodes a réaliser dans la pratique [110].

Chapitre II

SEMI-CONDUCTEURS INORGANIQUES

Depuis l'invention du transistor et le développement de l'industrie des semi-conducteurs, la micro-électronique a été marquée par une course suite à la miniaturisation des composants. L'étude des propriétés de ces nano-objets est le domaine des nanosciences qui connaît un développement spectaculaire de par le monde depuis les années 1990. Les physiciens s'intéressent aux propriétés des nanocristaux depuis les années 1980. La mise au point, dans les années 1990, des techniques de synthèse chimique performantes et sélectives en taille de dispersions colloïdales de nanocristaux a permis des avancées significatives dans le domaine [112,113].

I. Différents types de semi-conducteurs inorganiques

Les semi-conducteurs III-V (resp. II-VI) sont des corps composés ; contenant en proportion égale des éléments de la colonne III (resp. II) et des éléments de la colonne V (resp. VI) de la classification périodique.

On peut ainsi avoir des corps binaires (ex : ZnS, CdS, GaAs,...), ternaires (ex : GaAlAs,...) ou quaternaires. Ce type de variation est très important car il permet de déterminer la composition de tout alliage susceptible d'être déposé sur un substrat par épitaxie.

Parmi les semi-conducteurs on distingue deux grandes catégories : Les semi-conducteurs intrinsèques et les semi-conducteurs extrinsèques. La conduction dans un matériau est assurée par le déplacement des charges électriques négatives réelles (électrons), qui engendre un déplacement de charge électriques positives fictives (trous ou lacunes) dans le sens opposé (sens conventionnel du courant) [114].

I.1. Semi-conducteur intrinsèque

Possède très peu d'impureté : actuellement c'est le germanium Ga qui est le semi-conducteur le plus pur que l'on sache fabriquer. La quantité d'électrons qui peuvent agir dans la conduction n'est fonction que de la température du semi-conducteur intrinsèque. Ces semi-conducteurs ont peu d'applications pratiques (thermistances, capteurs,...) [114].

I.2. Semi-conducteur extrinsèque

Il contient des "impuretés", ces impuretés pouvant apporter des électrons participant à la conduction (éléments de Veme colonne comme le phosphore P, on obtient alors un semi-conducteur de type n) ou diminuant le nombre d'électrons participant à la conduction (éléments de IIIeme colonne comme le bore B, on obtient un semi-conducteur de type p). L'introduction de ces impuretés agit directement sur la bande interdite est donc sur le caractère résistant conducteur d'un matériau semi-conducteur. La concentration d'impureté caractérise le caractère semi-conducteur du matériau extrinsèque. Ces matériaux ont beaucoup plus d'application que les semi-conducteurs intrinsèques (transistors, diodes, cellule photovoltaïques...) [114].

II. Dopage des semi-conducteurs intrinsèques

Les semi-conducteurs intrinsèques sont ceux dont le comportement électrique ne dépend que de la structure électronique de leur matériau. Dans ce cas, les porteurs sont tous créés en excitant des électrons dans la bande de conduction. En conséquence, un nombre égal d'électrons et de trous est créé. Ou le but d'un dopage de type *n* est de produire un excès d'électrons porteurs dans le semi-conducteur, par contre le dopage de type p est de créer un excès de trous [115].

III. Structure électronique de semi-conducteurs inorganiques

A l'état massif, la structure électronique d'un semi-conducteur massif non dopé présente une bande de valence (BV) pleine et une bande de conduction (BC) vide, séparées par une bande interdite ou « gap » d'énergie, selon le terme anglais, de largeur Eg. Par excitation laser avec des photons d'énergie $h\nu \geq Eg$, on peut transférer un électron de la BV à la BC et créer une vacance (un trou) dans la bande de valence [116].

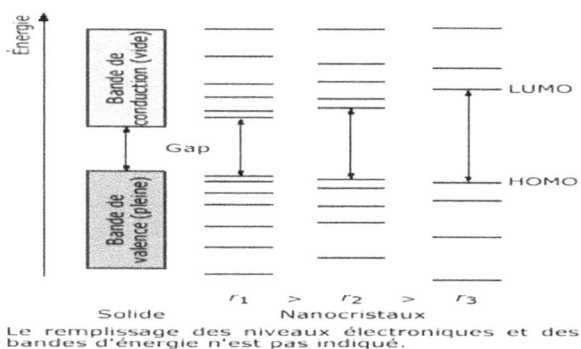

Figure 8. *Evolution de la structure électronique entre le solide massif et dans des nanocristaux de taille décroissante [116,117]*

VI. Semi-conducteurs III-V

Le choix d'un semi-conducteur doit se faire d'après l'ensemble de ses propriétés électroniques, optiques, thermiques, mécaniques et économiques. Le silicium est de loin le semi-conducteur le plus utilisé, mais ce n'est certainement pas grâce à ses propriétés optiques (Transition indirect) et à ses propriétés de transport (le

31

silicium est le semi-conducteur industriel le moins rapide au vue des mobilités des électrons et des trous). Vu sous ces aspects, le silicium peut être jugé comme étant un semi-conducteur moyen. La littérature montre que les guides optiques intégrés sont usuellement fabriqués, en fonction de leurs applications, en verre, en polymère, en Niobate de lithium ; mais les matériaux III-V de la filière GaAs ou InP sont très utilisés pour les applications optoélectronique.

La famille des semi-conducteurs III-V est constituée de corps composés contenant à parts égales un élément de la colonne III et un élément de la colonne V de la classification périodique. Mais parmi tous les composés binaires III-V possibles, tous ne présente pas le même intérêt pour constituer des matériaux en optoélectronique et en électronique rapide. En revanche, les composés à base de gallium ou d'indium ont des propriétés intéressantes. Le tableau 1 donne une comparaison de ces deux binaires sur leurs propriétés utiles en microélectronique et en optoélectronique.

Tableau 3. *Comparaison de caractéristiques variées pour le GaAs et l'InP [118]*

Propriétés à 300 °K	GaAs	InP
Paramètre de maille (A°)	5.653	5.868
Largeur de la bande interdite Eg (eV)	1.43	1.35
Masse effective de l'électron (m_e/m_0)	0.0665	0.0796
Mobilité des électrons (cm^2/Vs) pour n= 10^{27} cm^{-3}	4000	3200
Mobilité des trous (cm^2/Vs) pour n= 10^{27} cm^{-3}	250	150
Conductivité thermique (W/cm.K)	0.46	0.74

Les matériaux III-V formés à partir de Ga ou In d'une part, et P ou As d'autre, part, cristallisent dans le système Zinc blende. Leur réseau cristallin est décomposable en deux sous-réseaux cubiques à face centrées (CFC) interpénétrés.

L'un de ces réseaux est constitué d'atomes du groupe III, l'autre est constitué d'atome du groupe V. les valeurs des paramètres cristallins (ou de maille) des deux principaux composés binaires sont données dans le tableau 3.

VI.1. Arséniure de Gallium (GaAs)

L'arséniure de gallium (GaAs) est un composé semi-conducteur de type III–V, composé de l'élément de gallium (Ga) de la colonne III et de l'arsenic élément de la colonne V du tableau périodique des éléments.

Le GaAs a été créé par Goldschmidt en 1929 et rapporté la première fois en 1952 [119], mais les propriétés électroniques d'abord rapportées des composés de III–V comme semi-conducteurs ne sont pas apparues jusqu'en 1952. Le cristal de GaAs se compose de deux sublattices, chaque cubique à face centré (CFC) et excentré en ce qui concerne l'un l'autre par moitié de la diagonale du cube en CFC. Cette configuration cristalline est connue en tant que cubique de sphalérite ou de zinc blende. Le tableau 1 donne une liste de certaines propriétés caractéristiques générales de matériau.

VI.1.1. Structure de bande d'énergie

En raison des lois de la mécanique quantique, les électrons en atomes d'isolement peuvent avoir seulement certaines valeurs discrètes d'énergie. Pendant que ces atomes d'isolement sont rassemblés pour former un cristal, les électrons deviennent limités pour ne pas choisir des forces, mais plutôt aux gammes des énergies permises, ou les bandes ont appelé les bandes de valence et de conduction (figure 9). Ces deux bandes sont séparées par un espace de bande d'énergie, qui est une caractéristique très importante dans les semi-conducteurs. À 0 °K, tous les électrons sont confinés à la bande de valence et le matériau est un isolant parfait. Au-dessus de 0 °K, quelques électrons ont l'énergie thermique suffisante pour faire une transition à la bande de conduction où ils sont libres pour déplacer et conduire le courant par le cristal.

Tableau 4. *Différentes propriétés de GaAs à température ambiante.*

Propriété	Paramètre
La structure Cristalline	Zinc blende
Densité	5,32 g/cm^3
masse Moléculaire	144,64
Coefficient thermique de dilatation	5,8 .10^{-6} K^{-1}
Chaleur Spécifique	0,327 J/g-K
Conductivité thermique	0,55 W/cm°C
Bande gap	1,42 eV
Mobilité d'électron	8500 cm^2/V-s
Point de fusion	1238 °C

Le GaAs est un semi-conducteur de gap de bande direct, qui signifie que le minimum de la bande de conduction est directement au-dessus du maximum de la bande de valence (figure 9). Les transitions entre la bande de valence et la bande de conduction n'exigent seulement un changement d'énergie, et aucun changement des moments, à la différence des semi-conducteurs de gap de bande indirects tels que le silicium (Si). Cette propriété fait de GaAs un matériau très utile pour la fabrication des diodes électroluminescentes et des lasers de semi-conducteur, puisqu'un photon est émis quand un électron change des forces de la bande de conduction en bande de valence.

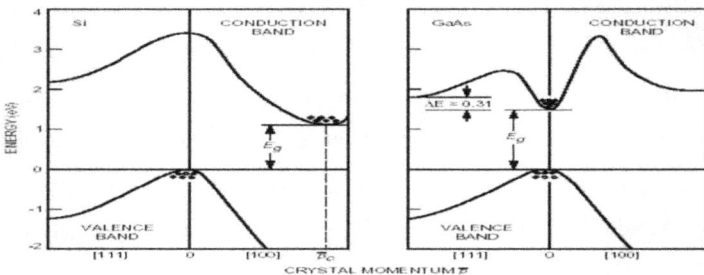

Figure 9. *Structure de bande d'énergie de Si et de GaAs*

34

VI.1.2 Défauts dans le cristal de GaAs

Aucun matériau semi-conducteur cristallin n'est parfait, et les cristaux de GaAs, malgré les efforts de contrôler la croissance en cristal, contiennent un certain nombre de défauts de cristal, de dislocations, et d'impuretés. Ces défauts peuvent avoir des effets souhaitables ou indésirables sur les propriétés électroniques de GaAs. La nature de ces défauts et des effets observés sont déterminées par la méthode de leur incorporation dans le matériau et les conditions de croissance générale.

VI. 2. Phosphure d'indium (InP)

Le phosphure d'indium (InP) est un semi-conducteur binaire composé d'indium et de phosphore. Il est employé dans l'électronique de haute puissance et à haute fréquence en raison de sa vitesse supérieure d'électron en ce qui concerne les semi-conducteurs plus communs ; siliciums et l'arséniure de gallium. Il a également un bandgap direct, le rendant utile pour des dispositifs d'optoélectronique comme des diodes de laser.

Le phosphure d'indium a également un des phonons optiques long-vécus du composé avec la structure en cristal de zinc blende. [120]

Tableau 5. *Différentes propriétés de phosphure d'indium (InP)*

Propriété	Paramètre
La structure Cristalline	**Zinc blende**
Densité	**4,81 g/cm^3**
Masse Moléculaire	**145,792 g/mol**
Coefficient thermique de dilatation	**4,6 10^{-6} K^{-1}**
Chaleur Spécifique	**0,31 J.g^{-1}.K^{-1}**
Conductivité thermique de réseau	**0,68 W.cm^{-1}.K^{-1}.**
Bande gap	**1,34 eV**
Mobilité d'électron	**5400 cm^2/V-s**
Point de fusion	**1062 ° C**

L'InP, d'énergie de bande interdite 0,75 eV, est utilisé pour la base des HBT GaInAs, l'émetteur pouvant être réalisé soit en InAlAs ou en InP. La masse effective des électrons est plus faible dans le GaInAs, ce qui permet une plus forte mobilité électronique : 1,6 fois plus importante que dans le GaAs et 9 fois plus que dans le Silicium, d'où une résistance de Base plus faible. La vitesse de recombinaison en surface est plus faible dans le GaInAs que dans le GaAs, ce qui permet d'augmenter le gain en courant [121].

Chapitre III

MATERIAUX COMPOSITES (ORGANIQUE-INORGANIQUES) ET LEURS APPLICATIONS

I. Matériaux composites

Plusieurs travaux de recherche ont été consacré à la possibilité de combiner deux matériaux possédants des propriétés différents, voir complémentaires, dans un seul nouveau matériau unissant ces propriétés ou en possédant de nouvelles en raison d'effets de synergie. De ce point de vue, la combinaison des semi-conducteurs organiques et inorganiques, plus précisément des polymères conjugués et des nanoparticules de semi- conducteurs, semble très intéressante.

Les propriétés électroniques de ces deux composants sont complémentaires et peuvent être modulées aisément, notamment en terme de matériaux et de taille des nanoparticules, ainsi que concernant la nature chimique des molécules organiques (Oglio- ou polymères). On peut alors s'attendre à un grand nombre de combinaisons possédant des propriétés intéressantes.

Les recherches fondamentales sur ces types de matériaux n'en sont qu'à leur début. Finalement, le facteur déterminant pour le choix de combiner des polymères conjugue avec des nanoparticules de semi-conducteur, a été que les polymères conjugués sont plutôt de bons donneurs d'électrons, tandis que les nanoparticules sont préférentiellement des accepteurs d'électrons, une combinaison des deux, conduit alors à une jonction p-n [6], qui peut être parfaitement ajustée grâce aux constituants dont les niveaux énergétiques peuvent être aisément modulés, tels que les diodes électroluminescentes (différentes couleurs réalisées par des nanoparticules de différentes tailles) ou les cellules photovoltaïques.

I.1. Matériaux composites hybrides par mélange

Le cas le plus simple pour combiner des matériaux est de les mélanger. Un avantage notable est que les solvants pour les polymères conducteurs sont principalement les mêmes que ceux utilisés pour la dispersion des nanoparticules ce qui permet ainsi de co-déposer les deux constituants par des techniques telles que le « spin-coating » (dépôt à la tournette) ou le « drop-cast » (évaporation d'une goutte déposée) à partir des solutions. Comme décrit plus haut, c'est la recherche sur les cellules photovoltaïques qui a fait avancer les études sur les mélanges polymères conjugués/nanoparticules.

Les premiers résultats basés sur cette approche datent de 1996. Ils utilisent jusqu'à 90 % en masse, de nanoparticules sphériques CdSe dans le poly (2-methoxy-5-(2'-ethyl-hexyloxy)-p-phenylene-venyléne) (MEH-PPV) [122]. Depuis, plusieurs améliorations ont été apportées : en enlevant les ligands TOPO de la surface des nanoparticules constituant une barrière isolante et en utilisant des nanopparticules d'autres géométries tels que les nano-tiges dans une matrice poly (hexylthiophene). Huynh et coll. [123] Ont obtenu des rendements de cellules photovoltaïques de 1,7%. D'autres matériaux sous forme nanocristalline ont également été utilisés dans des dispositifs photovoltaïques, tels que CdTe [124], ZnO [125], $CuInSe_2$ [126] ou encore PbS [127]. Récemment les cellules les plus efficaces (2,8%) ont été réalisées en utilisant des tétrapodes de CdSe et de poly (2-methoxy-5-(3',7'-dimethoyloctyloxy)-p- phenylene vinyléne) (MDMO-PPV) par Sun et coll. [128].

En effet, dans des mélanges polymère/nanoparticules, une ségrégation de phases en zones riches en polymère et riches en nanoparticules a été observée. Une approche pour éviter cela pourrait consister à organiser les nanoparticules dans une matrice de polymère [129]. D'une manière générale, la microstructure du matériau hybride dépend de la nature du polymère conjugué, de la taille et de la forme des nanoparticules, de la composition du mélange (solvant utilise, teneur en nanoparticules) et des conditions de mise en œuvre.

I.2. Matériaux composites hybrides par greffage

Une autre approche peut alors consister à fixer les deux unités l'une par rapport à l'autre en les liant par interactions chimiques de nature covalente ou hydrogène (figure 10). Le contrôle de la morphologie des matériaux devrait alors être plus aisé et l'interface entre les deux constituants serait définie à l'échelle moléculaire, facilitant alors l'optimisation du transfert des porteurs de charges et augmentant ainsi l'efficacité du matériau.

Très récemment, un nombre restreint des travaux publiés dans cette approche d'une part, Milliron et coll. [130], décrivent la synthèse d'oligo (alkylthiophène) portant des fonctions de type acide phosphorique permettant le greffage sur des nanoparticules. Pour des oligomères contenant au moins cinq cycles de thiophènes, les auteurs observent un transfert de charges suite à une photoexcitation, conduisant à une extinction de la photoluminescence des nanoparticules et des ligands. Les auteurs proposent ensuite l'utilisation de tels systèmes comme matériaux actifs dans les cellules solaires, en les mélangeant avec du poly (alkylthiophene), ce qui devrait être plus efficace, car cela conduit à des morphologies mieux structurées, ou encore comme troisième composante dans le mélange nanoparticules-polymère conjugué améliorant les interactions physiques et électroniques entre les deux matériaux. Loklin et al. [131] présentent la réalisation de dispositifs à base de nanoparticules de CdSe fonctionnalisées avec des dendrimeres de type oligothiphène rapportent des rendements de conversions de 0.29%.

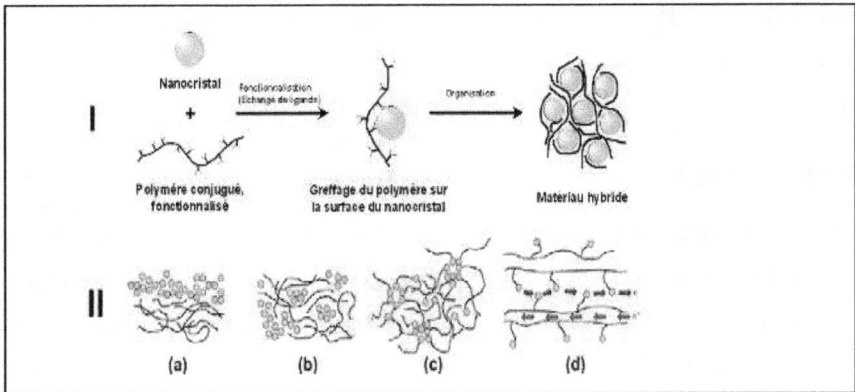

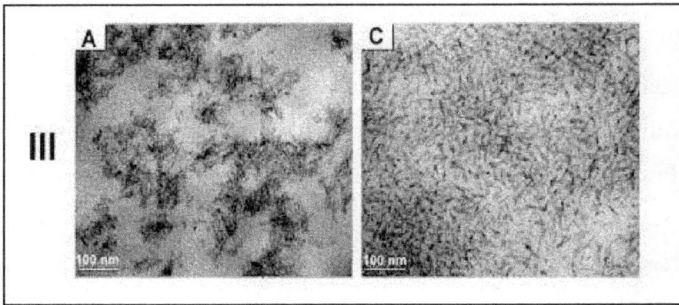

Figure 10. *I) Synthèse des matériaux hybrides à partir de nanoparticules et de polymère fonctionnalisés de manière appropriée et leur organisation, en matériaux hybrides. **II**) Améliorations morphologiques accessibles par le greffage des polymères sur la surface des nanoparticules **(a)** mélange nanoparticules - TOPO et polymères, **(b)** mélanges nanoparticules **(c)** et **(d)** système idéal en double- câble. **III**) Image TEM correspondant aux structures IIa et IIc. Dans les deux cas, une solution contenant du **P3HT** et des nanorods de CdSe (12 % en masse) est déposée par spin-coating. A) Mélange sans intéractions particulières. C) Le polymère possède une fonction pouvant se greffer sur la surface des nanoparticules [132]*

D'autre part, il existe un article décrivant l'introduction d'un groupement amine terminal dans le poly (3-hexylthiophene) regioregulier permettant le greffage du polymère sur la surface de nanoparticules de CdSe [133]. Les auteurs ont étudié la morphologie des films obtenus avec ces matériaux hybrides en comparaison avec des mélanges CdSe-poly (3-hexylthiophene) contenant une fonction bromure a bout de chaine. Ils ont constate que les films des hybrides sont beaucoup plus homogènes que ceux obtenus à partir des mélange (Figure 10. III). Par conséquent, ils ont observé une amélioration considérable des rendements de conversions dans les cellules photovoltaïques réalisées avec un matériau hybride. En effet, 30 % en volume de CdSe dans l'hybride suffisent pour obtenir des rendements de 0,5%. Les valeurs maximales de l'ordre de 1,5% ont été obtenues pour des teneurs en CdSe aux alentours de 40 % en volume. Par contre, dans le cas des mélanges, il a fallu augmenter la concentration en CdSe jusqu'à 65 % en volume, afin d'obtenir au maximum 0,6% de rendement. Il est à noter qu'au-delà de 65 % en volume, les rendements pour les hybrides et les mélanges sont similaires, et ils diminuent pour des concentrations croissantes.

Ces premiers résultats montrent clairement le potentiel d'une approche de matériaux hybride par greffage pour le photovoltaïque plastique. Non seulement le contrôle de morphologie conduit à une efficacité améliorées, mais il est également possible d'obtenir des dispositifs contenant relativement peu de nanoparticules (comparé aux 86-90 %) en masse [122,128], ce qui réduirait significativement le coût de tels systèmes. De plus, une augmentation de la teneur massique en polymère dans l'hybride conduit à des films plus homogènes, ce qui améliore la mobilité des porteurs de charges vers les électrodes.

II. Application dans les cellules photovoltaïques

Dans le cas d'une cellule photovoltaïque formée par la jonction de deux matériaux organiques, l'absorption s'effectue dans les deux couches en doublant la largeur de la zone photoactive. La génération du photocourant s'effectue à l'interface entre les matériaux organiques [134,135].

L'utilisation des polymères conjugués dans les cellules photovoltaïques a été largement étudiée. Ces polymères peuvent être dopés en contrôlant leurs conductivités sur une gamme de 10 à 15 ordres de grandeur [136].

Plusieurs types de cellules sont proposés telles que :

II.1. Cellules de type "Jonction Schottky"

Ces structures sont formées en utilisant un polymère conjugué pris en sandwich entre deux électrodes (métal ou ITO). Un des contacts métal/organique présente un comportement non ohmique. Les premières études ont commencé au début des années 1980 avec le polythiophène et ses dérivés [137,138]. Les caractéristiques courant-tension des structures à base de ces matériaux présentent un comportement non linéaire. Cependant ces composants sont instables et présentent des rendements inférieurs à 0,001%, sous des éclairements de 0,5 à 5 mW.cm^{-2}, et qui de plus diminuent lorsqu'on augmente l'intensité lumineuse.

L'interface entre le polymère conjugué et le métal est un facteur qui détermine les propriétés des cellules. La modification de la structure chimique et électronique du polymère à l'interface (où sont dissociés les électrons et trous) est un facteur qui limite le rendement, la stabilité et la durée de vie de ce genre de cellules. En outre, l'hétérogénéité de la distribution des dopants et leur accumulation à l'interface métal/polymère contribue à la décroissance du rendement [139-143].

Au début des années 1990, l'intérêt s'est orienté vers le poly(p-phenylène vinylène), PPPV [144]. Des études de structures ITO/PPPV/Al ont montré des propriétés photovoltaïques sous illumination avec une tension à circuit ouvert de 1,3 V. Dans ce cas la génération du photocourant a été attribuée à l'interface Al/PPPV. Cependant, le problème d'augmentation des résistances séries, causé par les faibles mobilités des porteurs, limite le courant de court-circuit et par la suite le rendement.

II.2. Cellules de type "Jonction p-n"

Des homojonctions à base de polymères ont été réalisées en dopant un film de poly (metylthiophène) d'un côté p et de l'autre côté n [145]. Elles ont été fabriquées électrochimiquement avec des cations et des anions. Les contacts métal/polymère ont été décrits comme étant ohmiques. Par conséquent la génération du photocourant a été attribuée à l'interface polymère/polymère. Cependant ces cellules présentaient de faibles densités de photocourant de court-circuit (0,16 $\mu A.cm^{-2}$) sous une lumière blanche (38 $mW.cm^{-2}$).

Des hétérojonctions p-n ont également été fabriquées par polymérisation séquentielle électrochimique de polypyrrole et de polythiophène sur des substrats de platine, suivi d'un dopage par voie électrochimique. La caractérisation de la jonction montre l'existence d'un effet Schottky à l'interface entre le polypyrrole dopé n (ayant un comportement métallique) et le polythiophène dopé p [146].

De manière générale, ces cellules présentent des rendements très faibles (< 0,001%) liés aux problèmes de recombinaisons des porteurs photogénérés. En outre, la mobilité des électrons dans les polymères utilisés dans les cellules photovoltaïques est faible par rapport à celle des trous. L'utilisation de matériaux qualifiés de bons conducteurs d'électrons tels que le poly(p-pyridyl vinylène) a permis d'augmenter le photocourant d'un ordre de grandeur [147].

La non-efficacité de la séparation des charges photo-induites et les problèmes de transport des charges sont à l'origine du faible rendement obtenu avec ces matériaux [143]. Les améliorations de la diffusion des excitons et leur efficacité de dissociation sont deux enjeux essentiels pour augmenter le rendement des cellules polymères [148]. Cette conclusion a suggéré l'alternative de mélanger les polymères pour augmenter la distribution des sites de dissociation des excitons.

II.3. Cellules à base de matériaux composites hybrides (Organique-inorganiques)

Coakley et McGehee [149] ont démontré que l'amélioration de rendement quantique externe des cellules photovoltaïques à base des polymères conjuguées sera très difficile d'atteindre 10%, et ceci exigera de nouvelles conceptions de dispositif.

Il y a également plusieurs tentatives de préparer les cellules photovoltaïques basés sur une nanostructure des semi-conducteurs a un large gap. Cette approche a été utilisée pour combiner le TiO_2 avec un polymère conjugué [150,151].

Dans les cellules photovoltaïques ont été développées [152] par le polymère conducteur (P3HT), agissant en tant que sensibilisateur à semi-conducteurs, a été infiltré dans 100 nm de film épais de TiO_2. Le rendement de conversion était environ de 10 %, tandis que le rendement quantique externe sous l'illumination monochromatique (à 514 nm) était de 1,5 %.

Kang et Kim [153] ont appliqué une telle matrice pour construire une cellule solaire à base d'une hétérojonction entre les nano-tiges de CdS et les pores de MEH-PPV.

Une cellule à base d'un matériau composite de ZnO et P3HT à été réalisée et caractérisée par N.Ch. Das et coll [13]. Les paramètres photovoltaïques V_{oc} (potentiel de circuit ouvert) et J_{sc} (courant de circuit ouvert) sont respectivement 0,33 V, 6,5 mA/cm^2. Ou la diminution de l'intensité d'émission de la photoluminescence est plus de 79%.

Hongwei Geng et coll. [154] ont fait une comparaison entre une cellule bicouche (MEH-PPV/ZnO) et une cellule à base d'un matériau nanocomposite de MEH-PPV et le ZnO. L'exécution photovoltaïque a été considérablement augmentée par l'intermédiaire de l'application directe des nanocomposites comme couche active dans des dispositifs photovoltaïques.

Chapitre IV

SYNTHESE ET CARACTERISATION DE MATERIAUX COMPOSITES : POLYMERE ORGANIQUE CONDUCTEUR + SEMI-CONDUCTEUR INORGANIQUE

Ce chapitre concerne l'électrosynthèse et la caractérisation électrochimique par volampérométrie cyclique et spectroscopie d'impédance électrochimique, et morphologique par le MEB et EDX, des polymères seuls (Polypyrrole, polybithiophène) et les matériaux composites (PPy + GaAs, PPy + InP, PbiTh + GaAs et PbiTh + InP). L'étude porte essentiellement sur l'effet du semi-conducteur inorganique (GaAs ou InP) sur les propriétés électrochimiques et morphologiques de polymère organique conducteur (PPy ou PBiTh).

La synthèse électrochimique par voltampérométrie cyclique ou par chronoampérometrie a été effectuée à la température ambiante.

Le polymère a été obtenu à partir de monomère (pyrrole ou bithiophène (10^{-2} M)) dissous dans une solution solvant/électrolyte ($CH_3CN/LiClO_4$ 10^{-1} M), la solution est barboté par le gaz d'azote pour éliminer toute traces d'oxygène dissous.

La poudre de semi-conducteur (InP ou GaAs) est ensuite ajoutée à différentes concentration dans l'électrolyte et dispersé par une faible agitation pour augmenter la concentration des semi-conducteurs dans le film du polymère.

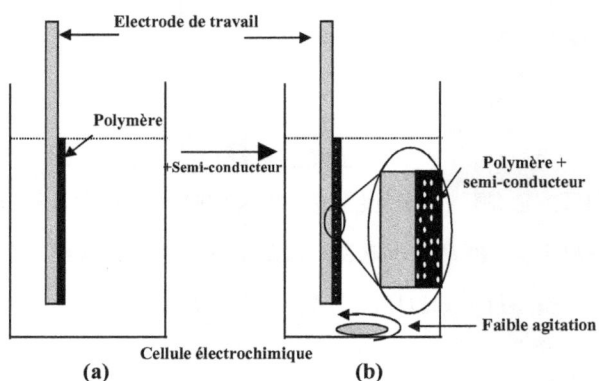

Procédure de Préparation de: a) Polymère seul, b) Matériau composite.

I. MATERIAUX COMPOSITES A BASE DE POLYPYRROLE
I.1. Electropolymérisation du pyrrole

La figure 1 représente l'enregistrement successif de voltampérogrammes cycliques (cyclage) relatifs à une solution de $CH_3CN/LiClO_4$ (10^{-1} M) contenant 10^{-2} M de pyrrole, sur une électrode de platine ($\varnothing = 1$ mm), obtenus sur une gamme de potentiel comprise entre $-0,3$ et $1,3$ V/ECS, à une vitesse de balayage de 100 mV/s.

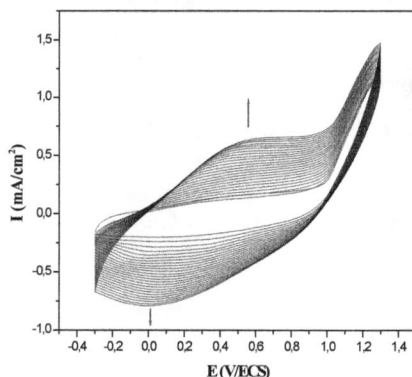

Figure 1. *Voltampérogrammes cycliques relatifs à une solution de $CH_3CN/LiClO_4$ ($10^{-1}M$) contenant ($10^{-2}M$) de pyrrole.*

On observe lors du balayage de potentiel positif une large vague d'oxydation aux environs de 0,4 V/ECS qui, elle ne devient plus définie qu'après plusieurs cycles (figure 2) et un pic à 1,2 V/ECS correspondant à l'oxydation de monomère (pyrrole). Lors du balayage retour, on observe une vague cathodique aux environs de 0 V/ECS, correspondant à la réduction du pyrrole, comme à été montré avec d'autres travaux [155]. Aussi, au cours du cyclage, un déplacement de potentiel du pic anodique vers des valeurs plus positives et du pic cathodique vers les valeurs plus négatives est observé, suggérant que le dépôt du film est accompagné par une perte de la réversibilité du système.

L'intensité de courant des deux pics anodique et cathodique augmente au cours de cyclage. Cette augmentation du courant résulte probablement de l'augmentation du courant capacitif qui devient de plus en plus important au fur et à mesure que le film de polymère se dépose sur la surface de l'électrode de travail, conduisent à la formation d'une électrode modifié.

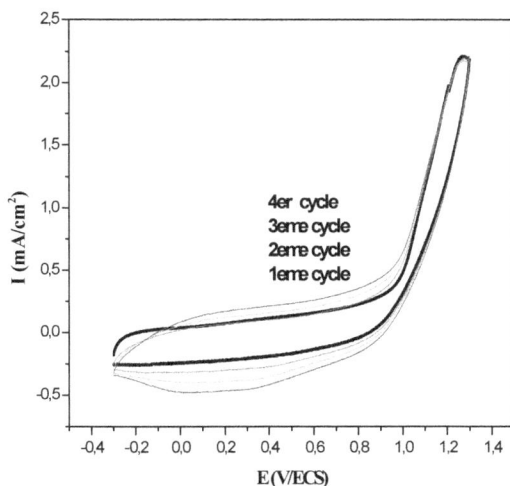

Figure 2. *Voltampérogrammes cycliques (premiers cycles) de pyrrole dans le CH₃CN/LiClO₄, obtenus entre – 0,3 et 1,3 V/ECS, à v = 100 mV/s*

Figure 2. *Voltampérogrammes cycliques (premiers cycles) de pyrrole dans le* $CH_3CN/LiClO_4$*, obtenus entre – 0,3 et 1,3 V/ECS, à v = 100 mV/s*

I.2. Caractérisation du film de polypyrrole

I.2.1. Voltampérométrie cyclique

La figure 3 représente le voltampérogramme cyclique correspondant au film de polypyrrole obtenu sur une électrode de platine, dans une solution de $CH_3CN/LiClO_4$ (10^{-1}M) en absence du pyrrole, enregistré sur une gamme de potentiel comprise entre -0,3 et 1,3 V/ECS, à v = 100 mV/s. L'analyse du film est effectuée après rinçage à l'acétone et séchage avec un jet d'azote. Le voltampérogramme montre un pic anodique à 0,65 V/ECS et un pic cathodique à 0,1 V/ECS, correspondant à l'oxydation et la réduction du polymère déposé (PPy).

L'enregistrement successif des voltampérogrammes cycliques (cyclage) correspondant au film de PPy ne montre aucun déplacement de potentiels ou variation des courants d'oxydation ou de réduction ; ce qui suggère que les propriétés électrochimiques du film de polymère obtenu sont thermodynamiquement stable.

L'écart entre le potentiel du pic d'oxydation et de réduction du polymère est d'environ de 0,35 V/ECS montrant par ce fait que le processus électrochimique se produisant à l'électrode n'est pas réversible.

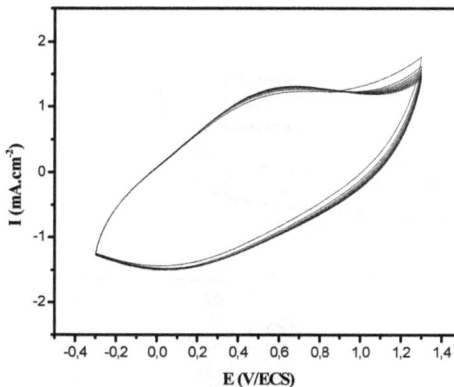

Figure 3. *Voltampérogrammes cycliques du film de Polypyrrole, dans une solution de $CH_3CN/LiClO_4$ (10^{-1} M)*

I.2.2. Spectroscopie d'impédance électrochimique

L'étude du film de polypyrrole obtenu par cyclage, sur platine, par spectroscopie d'impédance a été effectuée dans un système solvant/électrolyte support en absence de pyrrole, au potentiel d'abandon.

Le diagramme d'impédance (figure 4) tracé sur un domaine de fréquences comprise entre 100 kHz et 100 mHz montre, vers les hautes fréquences un arc de cercle. L'extrapolation de ce dernier du côté des basses fréquences donne la résistance du polymère, celle-ci est de 33.53 $\Omega.cm^{-2}$, valeur qui nous permettra d'avoir une idée sur la conductivité du polymère. Vers les faibles valeurs de fréquences, le diagramme d'impédance montre une droite linéaire de pente 45°; correspondant au processus diffusionnel [156,157].

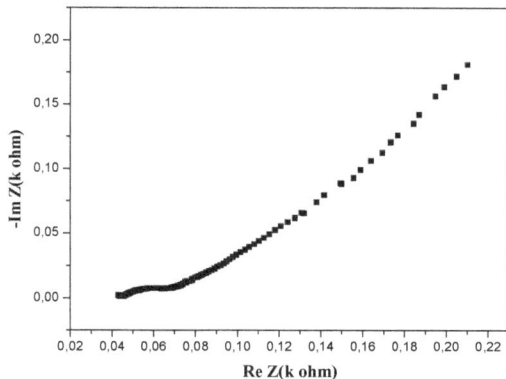

Figure 4. *Diagramme d'impédance relatif au film de polypyrrole sur une électrode de Pt dans une solution de $CH_3CN/LiClO_4$ (10^{-1} M) obtenu sur une gamme de fréquences comprise entre100 kHz et 100 mHz*

I.3. Synthèse et caractérisation électrochimique du matériau composite : Polypyrrole + phosphure d'indium (PPy+InP)

Les voltampérogrammes cycliques de la figure 5a sont relatifs à une solution $CH_3CN/LiClO_4$ (0,1M) contenant le pyrrole 10^{-2} M et le phosphure d'indium (5.10^{-2} M). Ce dernier est maintenu en suspension par une légère agitation de la solution. L'électropolymérisation est effectuée sur une électrode de platine, dans un intervalle de potentiel comprise entre -0,3 et 1,3 V/ECS à une vitesse de balayage de 100 mV/s. Ainsi, comme le montre les courbes; le comportement du pyrrole en présence de semi-conducteur InP, sur une électrode de platine est très similaire à celui obtenu précédemment lors de l'électropolymérisation du pyrrole seul. La présence de l'InP n'influe que très peu sur l'allure du voltampérogramme cyclique, suggérant que l'ajout de phosphure d'indium en solution n'affecte pas la cinétique de la réaction d'électrodéposition du pyrrole.

Le voltampérogramme cyclique correspondant au matériau composite (PPy+InP) obtenu par incorporation du semi-conducteur (InP) dans le film de polypyrrole (Figure 5-b), enregistrés sur une même gamme de potentiel que celle utilisée pour le monomère, à une vitesse de balayage de 100 mV/s, ne montre aucune évolution de l'allure de voltampérogramme au cours de cyclage, ce qui suggère que le matériau composite (PPy+InP) obtenu est électrochimiquement stable et que l'incorporation de l'InP dans le film n'affecte pas les propriétés électrochimiques du film, et que ce dernier est non électroactif. Ceci résulte aussi du non solubilité du semi-conducteur.

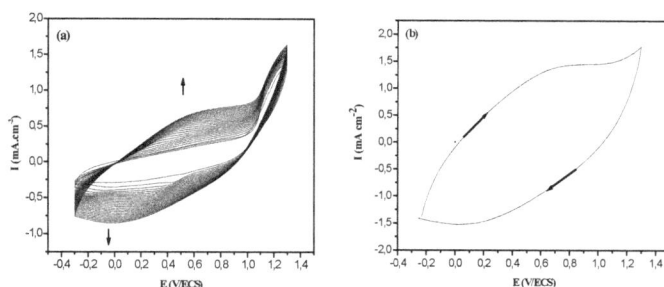

Figure 5. *(a) Electropolymerisation du pyrrole en présence de phosphure d'indium, (b) analyse du film de PPy + InP dans une solution de CH₃CN/LiClO₄ (10⁻¹M), à une vitesse de balayage de 100 mV/s.*

I.3.1. Effet de la concentration de l'InP sur les propriétés électriques du matériau composite

L'allure des diagrammes de Nyquist correspondant au film de matériaux composites obtenus pour différentes teneurs d'InP ($C_1 = 10^{-3}$, $C_2 = 5,10^{-3}$, $C_3 = 5,10^{-2}$ M) dans un système solvant/électrolyte support (Figure 6) est similaire à celle de polypyrrole seul et sont caractérisés généralement par un demi-cercle aux hautes fréquences suivie par une droite aux basses fréquences [156,157].

Cependant, les diamètres de demi-cercles relatifs aux matériaux composites sont plus grands que celui de PPy seul, ceci suggère une augmentation de la résistance de transfert de charge (R_{ct}). Celle-ci reste pratiquement la même avec l'augmentation de la concentration d'InP. Ceci se traduit par une diminution de la conductivité, résultant probablement d'un effet capacitif qui devient plus important pour des films de polypyrrole modifiés par incorporation du semi-conducteur. Ces résultats sont en bonne accord avec ceux de la voltampérometrie cyclique, où un même effet est observé. Toutefois, la comparaison entre des courbes obtenues en présence d'InP ne montre qu'un léger changement avec la concentration d'InP ce qui signifie que la saturation par l'InP du film est rapidement atteinte, ou que la saturation du film de polymère par le semi-conducteur nécessite une très faible quantité.

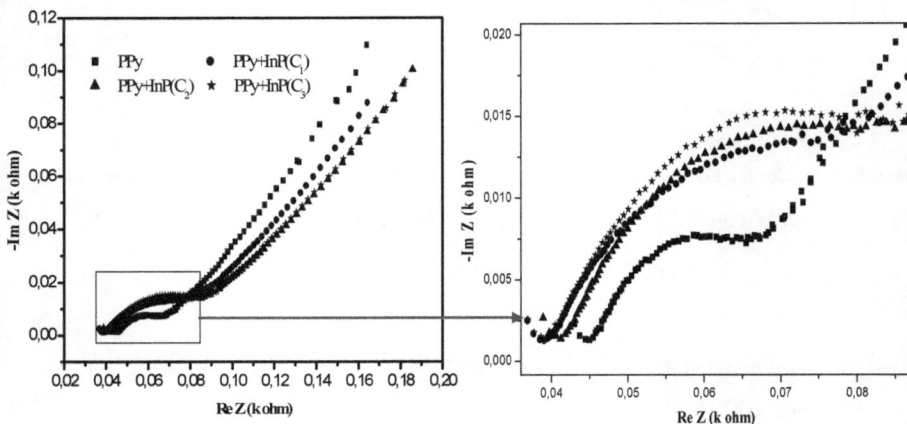

Figure 6. *Diagrammes d'impédances relatifs aux matériaux composites (PPy + InP) obtenus à partir de différentes teneurs en InP dans la solution de $CH_3CN/LiClO_4$ (10^{-1} M), sur une électrode de Pt.*

La résistance de l'électrolyte (R_e), elle, a diminué par rapport à celle du polypyrrole.

Les paramètres électriques tirés à partir des diagrammes de Nyquist sont données dans le tableau 1

Tableau 1 : Paramètres électriques correspondants aux films obtenus

	PPy	PPy+InP (C_1)	PPy+InP (C_2)	PPy+InP (C_3)
C_{InP} (M)	0	10^{-3}	5.10^{-3}	5.10^{-2}
R_{ct} (ohm.cm^2)	33.53	66.92	65.96	68.47
C (uF.cm^{-2})	06.64	10.65	11.62	24.12

I.3.2. Caractérisation morphologique par MEB et analyse par EDX

La morphologie et la composition élémentaire des films de PPy et de PPy+InP formés ont été examinées par MEB et analyse par EDX. L'image MEB du film de PPy (figure 7a) présente un film compact sur le substrat de platine, comme à été montré avec d'autres travaux [158].

Le spectre EDX de film de PPy préparées électrochimiquement présente un pic du carbone (C) à 0,25 keV et de l'azote (N) à 0,4 keV caractéristiques du polymère (PPy). Les bandes du Cl à 2,62, 2,85 keV et de O à 0,53 keV indique que le film de PPy comporte des ions du perchlorate (ClO_4^-) (figure 8a). Cet anion provient de $LiClO_4$, utilisé comme électrolyte de support [159].

Figure 7. *Micrographie de: a) Poypyrrole/Pt, b) Ppy+InP/Pt*

La micrographie du matériau composite PPy+InP (figure 7b) suggère que les particules du semi-conducteur inorganique sont incorporées dans le polymère organique (PPy), ce qui modifie par conséquent la morphologie du film de manière significative. En outre, le micrographe confirme la distribution homogène de l'InP dans le film de PPy. Cette incorporation du phosphure d'indium dans le polymère (PPy) est montre par la présence des pics intenses du phosphore (P) à 2,0 keV et de l'indium (In) à 3,28 keV (figure 8b).

Ainsi, la teneur de l'InP dans le film composite est confirmée par analyse de MEB et EDX. Par conséquent, nous considérons que les particules d'InP peuvent être incorporé dans le polymère au cours de l'électropolmerisation du pyrrole en présence d'une faible agitation ce qui conduit à la pigmentation du film de polymère, et permet par conséquent l'obtention d'un matériau composite PPy+InP sur l'électrode.

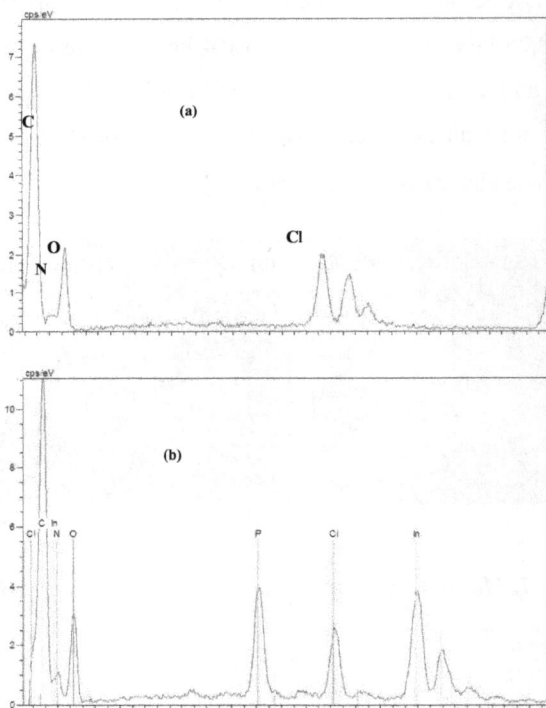

Figure 8. *Analyse par EDX de: a) PPy, b) PPy+InP*

I.4. Synthèse et caractérisation électrochimique du matériau composite : Polypyrrole + arséniure de gallium (PPy+GaAs)

I.4.1. Synthèse du matériau composite

Les voltampérogrammes cycliques de la figure 9a sont relatifs à une solution $CH_3CN/LiClO_4$ (0,1M) contenant le pyrrole 10^{-2} M et de l'arséniure de gallium (C = 5.10^{-2} M) ce dernier est maintenu en suspension par une légère agitation de la solution. L'électropolymérisation est effectuée sur une électrode de platine, dans une intervalle de potentiel comprise entre -0,3 et 1,3 V, à une vitesse de balayage de 100 mV/s. Ainsi, comme le montre les courbes, le comportement électrochimique du pyrrole en présence de GaAs sur une électrode de platine est très similaire à celui du pyrrole seul. La présence de GaAs n'influe que très peu sur l'allure du voltampérogramme cyclique, suggérant que l'incorporation de semi-conducteur n'affecte pas la cinétique de la réaction d'électrodéposition du polymère organique conducteur.

Le voltampérogramme cyclique correspondant à l'électrode modifiée par le PPy dans lequel est incorporé le semi-conducteur (GaAs), effectuée en absence de monomère enregistré sur une gamme de potentiel comprise entre -0,3V et 1,3 V/ ECS, à une vitesse de balayage de 50 mV/s (figure 9.b), montre un pic anodique et un autre cathodique respectivement à 0,6 et à 0,1 V/ECS, correspondant à l'oxydation et à la réduction du film de polypyrrole [155]. Aucune modification de l'allure du voltampérogramme n'est constatée ; ceci suggère que le les propriétés électrochimiques du matériau composite sont stables. Cependant la non activité électrochimique du l'arséniure de gallium, peut résulte aussi de la non solubilité du matériau.

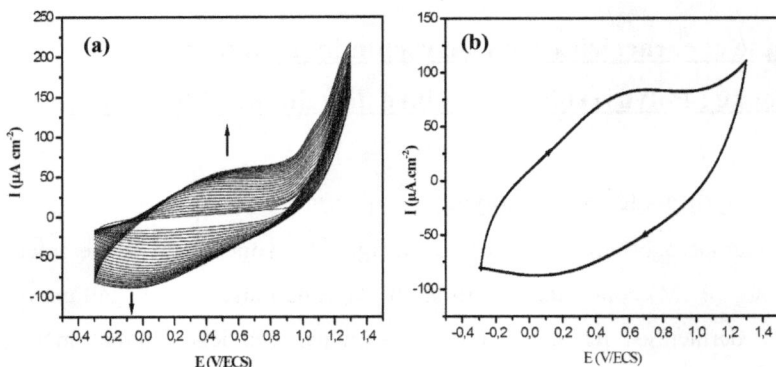

Figure 9. *Voltampérogrammes cycliques, (a) relatif à une solution de CH₃CN/LiClO₄ (10⁻¹M) contenant (10⁻²M) de pyrrole et de GaAs en suspension à v = 100 mV/s. (b) Analyse du film du matériau composite dans une solution d'électrolyte support.*

I.4.2. Caractérisation morphologique par MEB et analyse par EDX

L'observation au microscope électronique à balayage (MEB) (figure 10.b) nous a permis d'avoir une idée sur la microstructure de polypyrrole déposé sur une électrode de platine. L'incorporation de semi-conducteur inorganique l'arséniure de gallium (GaAs) est montré par la présence de points blancs sur la photo de matériau composite.

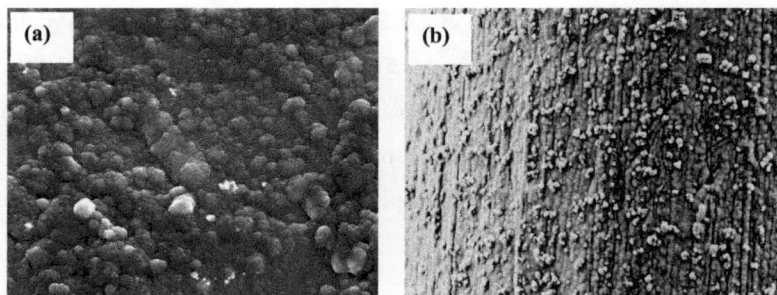

Figure 10. *Micrographe de (a) PPy et (b) matériau composite PPy + GaAs obtenus sur électrode de Pt.*

56

Ainsi, le micrographe confirme la distribution homogène de GaAs sur la surface du film de PPy. L'incorporation de l'arséniure de gallium dans le polypyrrole (PPy), est montré par la présence de pics intenses de l'arséniure (As) à 1,3 keV et de gallium (Ga) à 1,1 keV (figure 11).

Aussi, comme le montre les diagrammes de l'EDX, l'intensité des pics de ces derniers éléments augmente avec la concentration de l'arséniure de gallium. Le signal de carbone (C) observé à 0,25 keV et de l'azote (N) à 0,4 keV sont propres au polypyrrole (PPy). Le signal de Cl à 2,62 et à 2,82 keV et de l'oxygène (O) à 0,53 keV indique que le film de PPy est dopé par les ions de perchlorate (ClO$_4^-$).

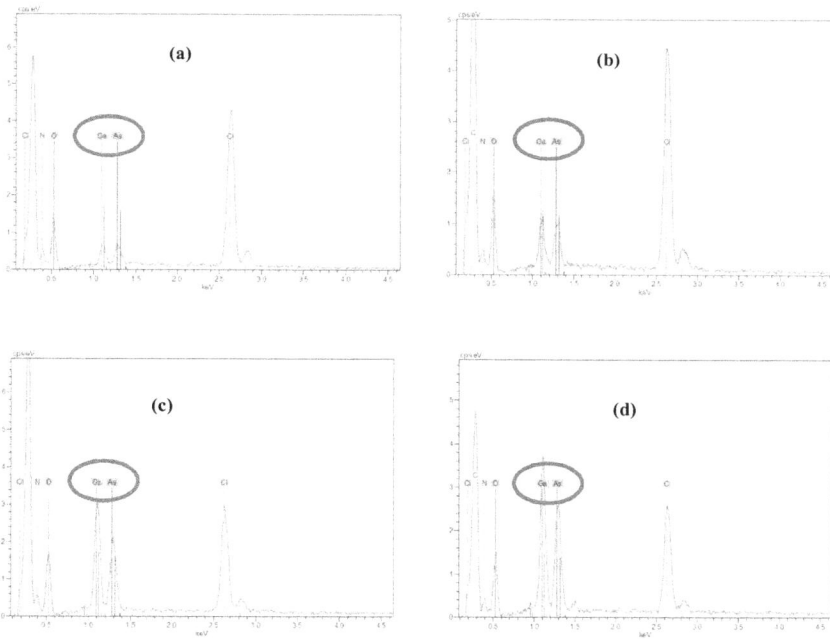

Figure 11. *Analyse par EDX de matériau composite (PPy+GaAs) obtenu à partir de solutions contenant différentes concentrations de GaAs :*
(a) $C_1 = 10^{-3}$, (b) $C_2 = 5,10^{-3}$, (c) $C_3 = 10^{-2}$, (d) $C_4 = 5,10^{-2}$ M.

1.4.3. Spectroscopie d'impédance électrochimique

Les diagrammes d'impédance de polypyrrole seul et de ceux obtenus en présence de GaAs dans le système solvant/électrolyte à potentiel d'abandon, tracés sur un domaine de fréquences comprise entre 100 kHz et 100 mHz sont montrés dans la figure 12. On remarque que l'allure de diagramme correspondant au matériau composite est similaire à celui du polypyrrole seul aux très hautes fréquences [156,157]. Cependant, le diamètre de demi-cercle et plus grand, ce qui signifie par conséquent une augmentation de la résistance de transfert de charge (R_{ct}).

Ceci suggère que l'incorporation de GaAs dans le film, rend ce dernier moins conducteur et plus capacitif.

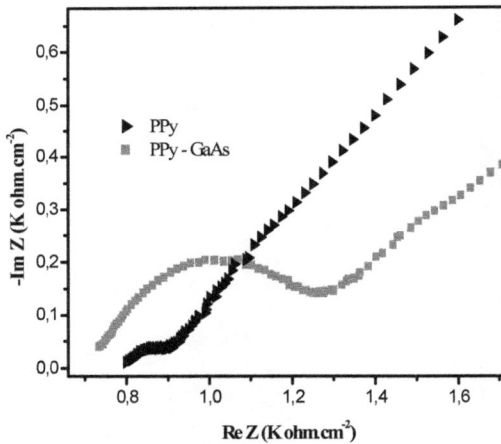

Figure 12. *Diagrammes d'impédance du PPy et de PPy+GaAs, analyse effectuée dans le système solvant/électrolyte support.*

Dans les deux cas la boucle capacitif est suivit, vers les hautes fréquences par une droite qui, elle, est caractéristique d'un processus diffusionnel. Les droites obtenues sont parallèles et de même pente, montrant par ce fait que le processus de diffusion est régit de la même manière dans les deux cas.

II. MATERIAUX COMPOSITES A BASE DE POLYBITHIOPHENE
II.1. Electrosynthèse de polybitihiophène et de matériaux composite (PbiTh+InP)

Pour obtenir un dépôt épais de polybithiophène et pour assurer une incorporation importante de semi-conducteur inorganique, nous avons choisi une électrodéposition par voie galvanostatique à courant imposé de 1,6 mA/cm^2 pendant 5 min. L'électropolymérisation est effectuée sur une électrode d'ITO (S = 3 cm^2), plongé dans une solution électrolytique (CH$_3$CN/LiClO$_4$) contenant le biTh et de l'InP maintenu en suspension avec une légère agitation.

II.1.2. Caractérisation électrochimique

La figure 13 montre les voltampérogrammes cycliques correspondant à l'analyse des films de polybithiophène et de matériaux composites (PbiTh+InP) obtenus précédemment ont été analysés dans un système solvant/électrolyte, sur une gamme de potentiel comprise entre 0 et 1,4 V/ECS, à une vitesse de balayage de 10 mV/s. Les voltampérogrammes cycliques montrent lors de balayage positif de potentiel un pic d'oxydation aux environs de 1,1 V/ECS et un très large pic de réduction lors de balayage négatif de potentiel aux environs de 0,6 V/ECS, correspondant respectivement à l'oxydation et à la réduction de polybithiophène [160,161]. Notons toutefois qu'aucun pic d'oxydation ou de réduction propre au phosphure d'indium n'est observé. Ceci comme nous l'avons mentionné antérieurement est du à la non électroactivité et la non solubilité du semi-conducteur.

Les potentiels des pics d'oxydation et de réduction du matériau composite ont été les mêmes que ceux du polymère. Cependant, les courants des pics sont moins intenses suggérant une diminution de l'électroactivité du matériau.

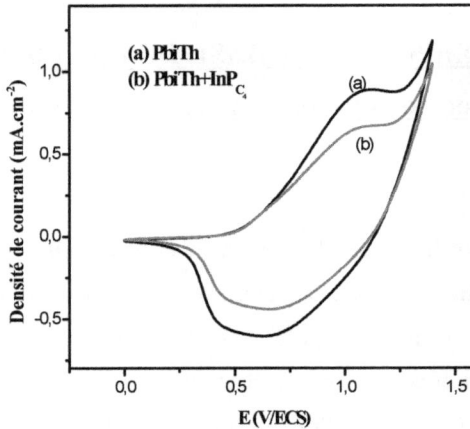

Figure 13. *Voltampérogrammes cycliques correspondant de PbiTh*
et au Pbith+InP sur ITO

II.1.3. Morphologie et Analyse par EDX

La figure 14 représente l'observation par microscope électronique à balayage (MEB) des films de polybithiophène non et modifiés par l'incorporation de phosphure d'indium électrodéposés sur une électrode de platine.

Les micrographes de matériau composite PbiTh+InP suggère que les particules de semi-conducteur inorganique (InP) ont été incorporées dans le polymère organique conducteur (PbiTh), ce qui modifie par conséquent la morphologie du film de manière significative. La présence de particules de l'InP est montrée par la présence de gros grains blancs répartis d'une manière hétérogène au sein du matériau. La photo montre aussi que la porosité est plus importante, avec des crevasses nettement plus profondes, et la cohésion des grains de polymères est moins importante. Ainsi, il n'est pas exclu que ceci est l'origine de la diminution des courants de pics d'oxydation et réduction observée en votampérométrie cyclique.

Ainsi, il ressort de ces résultats que les particules d'InP peuvent être incorporées dans le polymère pendant l'électropolymerisation de bithiophene ce qui conduit à la pigmentation du film de polymère, et à l'obtention le matériau composite PbiTh+InP électrodéposé sur l'électrode. L'incorporation est avantage lorsque la taille des grains est plus petite.

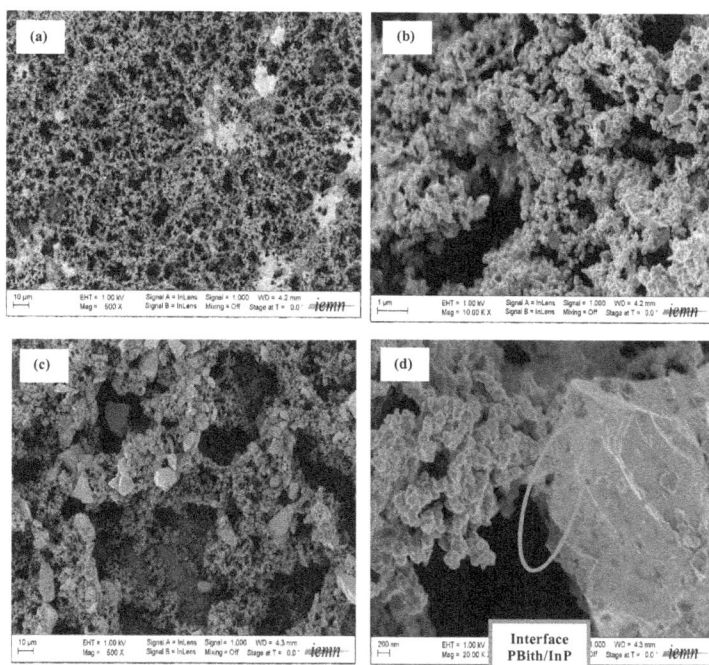

Figure 14. *Images de PbiTh (a) et (b), PbiTh+InP (c) et (d)*

Ainsi, comme le montre l'analyse par EDX (Figure 15) du PbiTh et de matériau composite (PbiTh+InP), la présence de phosphure d'indium dans le polybithiophène est caractérisée par la présence de rais intenses de phosphore (P) à 2,0 keV et de l'indium (In) à 0,38 et 3,16 keV. Le polymère, lui, est caractérisé par la présence de bandes observées à 0,3 keV pour le carbone (C) et à 2,35 keV pour le soufre (S).

Ceci atteste bien que l'InP est incorporé dans le film de polymère. La présence des pics de chlore (Cl) à 2,6 keV et de l'oxygène (O) à keV sont caractéristique de la présence dans le film de l'anion de l'électrolyte support utilisé (ClO_4^-).

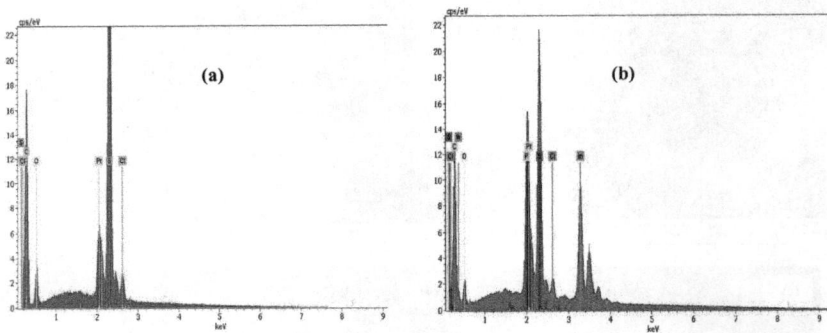

Figure 15. *Analyse par EDX de PbiTh (a) et de PbiTh+InP (b)*

II.2. Matériau composite (PbiTh+GaAs)

II.2. 1. Voltampérommetrie cyclique

L'analyse par voltampérometrie cyclique de film de matériau composite (PbiTh+GaAs) obtenue à intensité de courant constante de 1,6 mA/cm^2, pendant 10 min, sur une électrode d'ITO (S = 3 cm^2) dans une solution électrolytique (CH$_3$CN/LiClO$_4$) contenant de biTh (10^{-2} M) et les particules de GaAs (C = 5.10^{-2} M) en présence d'une faible agitation, est montré dans la figure 16. L'enregistrement successif de voltampérogrammes cycliques a été effectué sur une gamme de potentiel comprise entre 0 et 1,5 V/ECS, avec une vitesse de balayage égale à 10 mV/s.

Comme le montre les courbes, on observe lors du balayage positif de potentiel une vague d'oxydation à 1,25 V/ECS et lors du balayage négatif du potentiel une vague de réduction à 0,6 V/ECS. Ces vagues sont les mêmes que ceux habituellement observés lors de l'étude électrochimique de bithiophène [160,161], et sont donc caractéristique de l'oxydation et de la réduction de ce dernier. Cependant, nous ne constatons aucun pic d'oxydation ou de réduction de GaAs ce qui confirme la non électroactivité, donc la stabilité électrochimique de ce semi-conducteur (GaAs). On rappelle à cet effet, que la non solubilité et la non électroactivité électrochimique du semi-conducteur a été notre souhait et ce pour éviter tout dégradation électrochimique (oxydation, ou réduction) de ce dernier, lors de son incorporation à l'intérieur du polymère, lors de l'utilisation du matériau composite (PbiTh+GaAs) dans une quelconque application. Les modifications de propriétés attendues sont physiques, optiques et photoélectrochimiques du matériau, tout en maintenant la structure cristalline de ce semi-conducteur même une fois dispersé au sein du polymère.

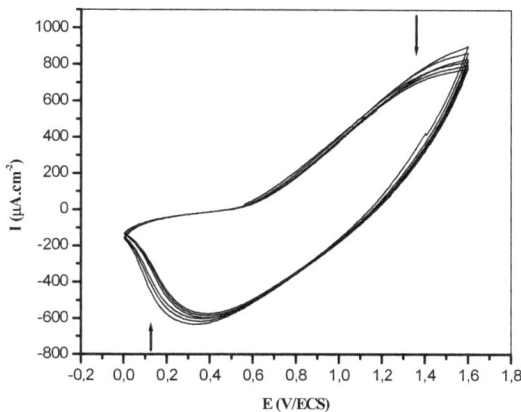

Figure 16. *Voltampérogrammes cycliques correspondant au* PbiTh+GaAs *dans CH₃CN/LiClO₄ enregistrés entre 0 et 1,5 V/ECS, à v= 10 mV/s*

La figure 17 représente l'enregistrement des voltampérogrammes cycliques relatif au polybithiophène et matériaux composites (PbiTh+GaAs) obtenus lors de l'électrolyse à courant constante à courant constant, sur une électrode d'ITO (∅= 3 cm^2) à partir de différentes teneurs de GaAs (10^{-3}, 10^{-2}, $5,10^{-2}$ M) dans une solution de $CH_3CN/LiClO_4$ (10^{-1}M). Les voltampérogrammes ont été analysé sur une gamme de potentiel comprise entre 0 et 1,4 V/ECS, à une vitesse de balayage de 10 mV/s. Les courbes montrent un pic anodique à 1,1 V/ECS et un autre pic cathodique aux environs de 0,6 V/ECS, correspond à l'oxydation et la réduction de polybithiophène. On remarque que l'intensité des courants des pics diminue avec la teneur en semi-conducteurs, ceci peut-être dû à la contribution de ce dernier à l'augmentation de la porosité du film du polymère.

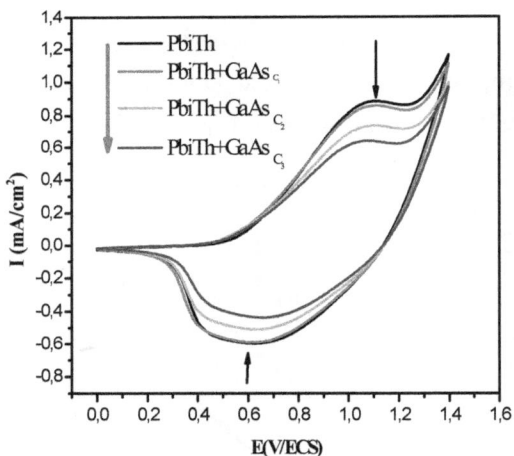

Figure 17. *Voltampérogrammes cycliques relatifs au PbiTh et au PbiTh+GaAs obtenus pour différente teneur en GaAs, dans le $CH_3CN/LiClO_4$ (10^{-1}M) enregistrées entre 0 et 1,4 V/ECS à v = 10 mV/s.*

II.2. 2. Caractérisation morphologique par MEB

Les micrographes de PbiTh et du matériau composite PbiTh+GaAs déposés sur des électrodes de platine sont donnés à la figure 18. Elles suggèrent bien que des particules de semi-conducteur inorganique (GaAs) ont été incorporées dans le polymère organique conducteur (PbiTh). Ceci est justifié par une modification de la morphologie du film de manière significative, qui est montré par la présence de particules de pigment sous forme de gros grains blancs solides (figure 18). Aussi dans le cas du matériau composite la porosité parait plus importante.

Figure 18. *Micrographes MEB de (a) PbiTh, (b) PbiTh+GaAs*

Chapitre V

CARACTERISATION OPTIQUE ET ETUDE
PHOTOELECTROCHIMIQUE

Dans ce chapitre, nous présentons les résultats expérimentaux concernant la caractérisation optiques et photo-électrochimique des films de polymères organiques conducteurs seuls et de matériaux composites (POC+SC) déposés électrochimiquement sur des électrodes de platine ou sur des plaques transparentes d'oxyde d'indium et d'étain (ITO).

I.   MATERIAUX COMPOSITES OBTENUS A PARTIR DE PPY+InP

1.1. Spectroscopie UV-Visible

La figure1 représente les spectres UV-visible de films de polymères déposés sur des lames d'ITO. L'analyse des films de PPy et de matériaux composites obtenus par cyclage sur des lames d'ITO a été réalisée dans une solution de $CH_3CN/LiClO_4$ ($10^{-1}M$), dans un domaine de balayage de potentiel compris entre $-0,3$ et $1,3$ V/ECS, à $v = 100$ mV/s.

On observe en absence de phosphure d'indium deux bandes, l'une située à λ_{max} = 414 nm et l'autre très large et mal définie à λ_{max} = 900 nm. La première bande d'absorption est caractéristique de la transition $\pi - \pi^*$ du polymère (polypyrrole) et la deuxième est propre au dopant (ClO_4^-). Aussi, un déplacement de la bande d'absorption principale est observé dans le cas de matériau composite ; celle-ci varie de $\lambda = 414$ nm pour une teneur en InP nul à $\lambda = 456$ nm lorsque la teneur atteint 10^{-2}

M. L'absorbance devient plus importante sur toute la gamme des longueurs d'onde. Cette évolution du spectre est attribué à la présence du phosphure d'indium, qui lui lors de son incorporation dans le film conduit d'une manière significatif à la modification de la structure du matériau et à l'obtention d'un autre matériau composite ayant d'autres propriétés optiques.

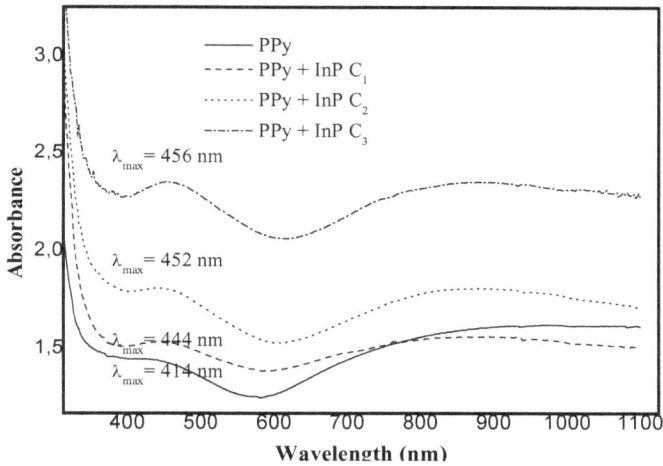

Figure 1. *Spectre UV-visible des films de polypyrrole et de matériau composite (PPy+InP) obtenus pour différentes teneurs en InP, déposées sur ITO.* [162]

I.2. Mesure des photocourants

I.2.1. Phosphure d'indium

La figure 2 (a) montre la variation de la densité de courant en fonction du temps d'une électrode d'InP dans une solution de CH_3CN/ $LiClO_4$ (10^{-1} M) a un potentiel imposé de + 400 mV avec une excitation par la lumière polychromatique chaque 20 seconde. On remarque qu'à chaque illumination une augmentation de densité de courant pour ensuite se stabiliser après quelque secondes. Le courant atteint la même intensité dès que la cellule est remise dans l'obscurité. Ces valeurs positifs de densité de courant montrent que le semi-conducteur est de type n.

La variation de densité de photocourant en fonction de potentiel correspondant à l'électrode de phosphure d'indium immergé dans une solution de $CH_3CN/$ $LiClO_4$ (10^{-1} M), enregistrée sur un domaine de potentiel compris entre $-$ 800 mV et $+$ 950 mV/ECS, en présence d'une lumière polychromatique avec une intensité d'éclairement de 100 mW/cm^2, est montré dans la figure 2 (b). On remarque que le photocourant augmente avec le potentiel imposé, ce qui explique que le dopage de semi-conducteur est de type n (n-InP) [163].

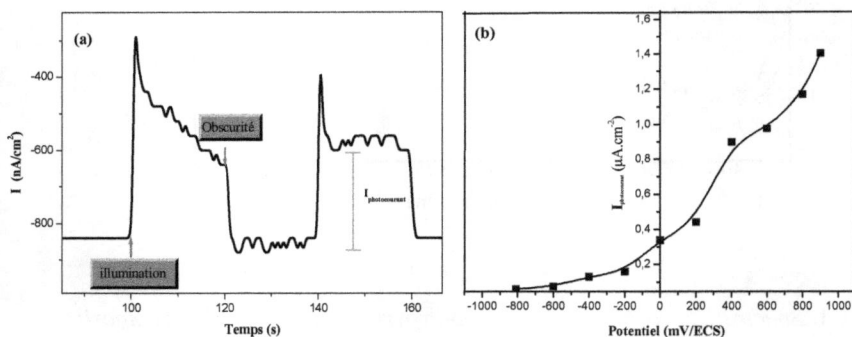

Figure 2. *(a)* Variation de la densité de courant en fonction du temps *d'une électrode d'InP, sous illumination-obscurité, (b) Variation de densité de photocourant en fonction du potentiel imposé, de l'InP dans une solution de CH$_3$CN/LiClO$_4$ (10^{-1} M)*

I.2.2. Polypyrrole

La figure 3 représente la variation de la densité de courant en fonction du temps de polypyrrrole déposé par cyclage sur une lame d'ITO dans une solution de

68

CH$_3$CN/ LiClO$_4$ (10^{-1} M) à un potentiel imposé de - 800 mV avec une excitation par la lumière polychromatique chaque 40 secondes. On remarque qu'à chaque illumination, une chute de densité de courant vers les valeurs négatives pour ensuite se stabiliser après quelque secondes. Le courant revient à son intensité initiale dès que la cellule est remise dans l'obscurité. Ces valeurs négatives de densité de courant montrent que le polymère formé est de type P [164-167].

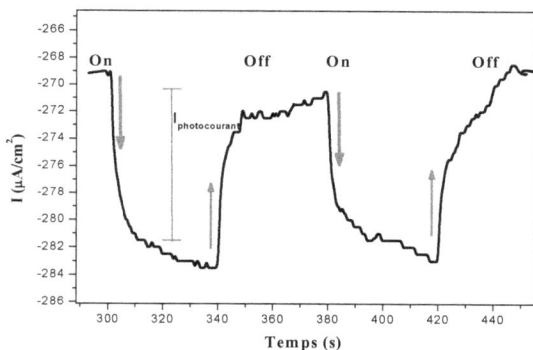

Figure 3. Variation de la densité de courant en fonction de temps *de film de PPy sur ITO, dans une solution de CH$_3$CN/ LiClO$_4$ (10^{-1} M) enregistré sous illumination-obscurité*

En effet, la présence de photocourants cathodiques observés dans tout le domaine de potentiel négatifs confirme bien que dans ces conditions le polymère se comporte comme un semi-conducteur de type p, et la présence de la charge-d'espace suggère que ces polymères peuvent produire des photocourants sous l'illumination (figure 4) [168].

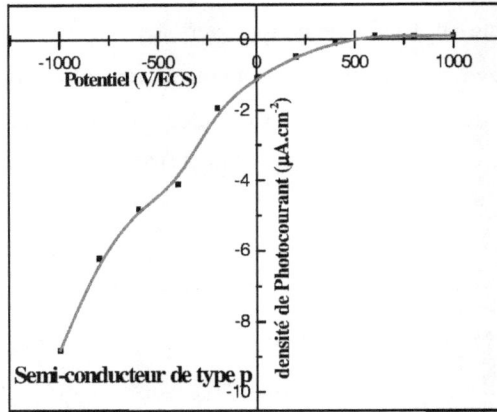

Figure 4. *Densité de photocourant en fonction du potentiel imposé de PPy dans CH₃CN/LiClO₄ (10⁻¹ M) en présence de la lumière (100 mW.cm⁻²)*

I.2.3. Matériau composite (PPy+InP)

La figure 5 représente la variation de densité de courant en fonction de temps correspondants au polypyrrrole (PPy) et aux matériaux composites (PPy+InP) obtenus pour différentes teneurs en semi-conducteur, déposés électrochimiquement sur une électrode de platine (S = 1 cm^2) dans une solution de CH$_3$CN/LiClO$_4$ (0,1 M), enregistrés successivement sous une illumination par la lumière polychromatique (100 mW.cm^{-2}) et une obscurité. On remarque qu'à chaque illumination une diminution de densité de courant pour ensuite se stabiliser, ce courant revient à son intensité initial à chaque fois que la cellule est mise à l'obscurité, et ce quel que soit la teneur en semi-conducteur (InP), l'intensité de courant a augmentée.

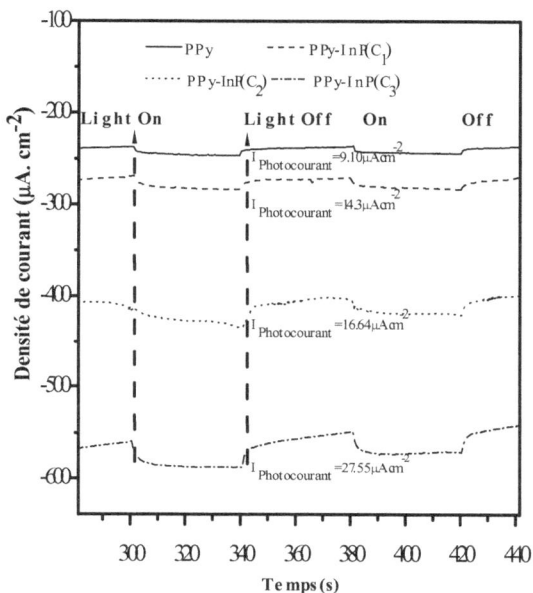

Figure 5. Variation de la densité de courent en fonction du temps de PPy/Pt et de matériaux composite (PPy+InP)/Pt dans le $CH_3CN/LiClO_4$ ($10^{-1}M$) à un potentiel de $-0,8$ V en absence et en présence de la lumière (100 mW.cm^{-2})[162]

II. MATERIAUX COMPOSITES OBTENUS A PARTIR DE PPy+GaAs

II.1. UV-visible spectroscopie

La figure 6 correspond aux spectres UV-visible du matériau composite obtenu pour différentes teneurs en GaAs. Ce dernier montre deux bandes d'absorption, la première mieux définie, qui elle, se situe à λ_{max} = 415 nm pour une teneur en semi-conducteur nulle et à λ_{max} = 448 nm pour une forte teneur en GaAs, est caractéristique

71

de la transition électronique $\pi - \pi^*$ du polypyrrole. La deuxième très large et s'étend de 800 à 1100 nm, devient mieux défini et plus intense avec les fortes teneurs en GaAs, est caractéristique de la présence du l'anion dopant (ClO_4^-) de l'électrolyte support et de la présence dans le film du semi-conducteur GaAs. Ce changement dans l'allure des spectres, résulte de la présence des particules de semi-conducteur inorganique. Il ressort de ceci que l'incorporation de l'arséniure de gallium dans le film conduit à la modification de la structure du matériau et à l'obtention d'un nouveau matériau composite ayant d'autres propriétés optiques.

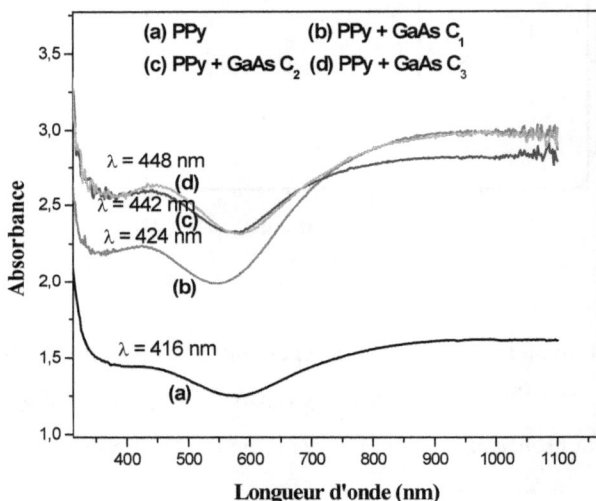

Figure 6. *Spectres UV-visible de films de (PPy+GaAs)/ITO, obtenus pour différentes teneurs en GaAs.*

II. 2. Etude photoélectrochimique

II.2.1. Arséniure de gallium

La figure 7 montre la variation de la densité de photocourant en fonction de potentiel correspondant à l'électrode de l'arséniure de gallium (GaAs) immergé dans une solution de CH$_3$CN/LiClO$_4$ (0,1 M), enregistrée sur un domaine de potentiel compris entre − 1 V et +1 V/ECS, en présence d'une lumière polychromatique avec une intensité d'éclairement de 100 mW/cm^2.

Les valeurs positives de densité de photocourant dans le domaine positif de potentiel montrent que le semi-conducteur est de type n (n-GaAs). [163,169].

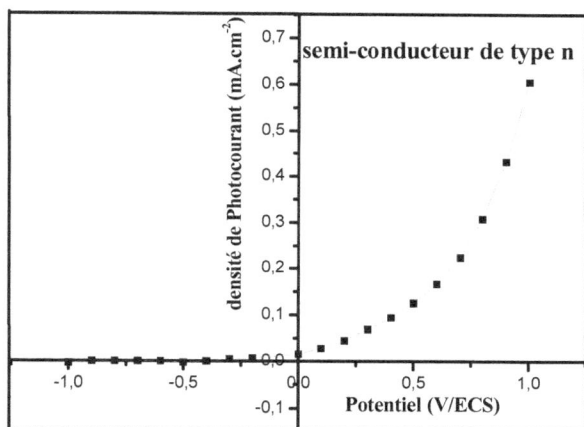

Figure7. *Variation de la densité de photocourant en fonction du potentiel correspondant à l'électrode de l'arséniure de gallium dans le CH$_3$CN/LiClO$_4$ (10^{-1} M), sur un domaine de potentiel compris entre − 1 V et +1 V/ECS.*

II.2.2. Matériau composite (PPy+GaAs)

La figure 8 représente les chronoampérogrammes de polypyrrrole et de matériaux composites (PPy+GaAs) obtenus pour différentes teneurs en GaAs, déposés électrochimiquement sur une électrode de platine, immergé dans une solution de CH$_3$CN/LiClO$_4$ (0,1 M). Les courbes ont été enregistrées en absence et en présence de la lumière polychromatique. La cellule est éclairée à des intervalles de temps de 40 s. On remarque qu'à chaque illumination une diminution de la densité de courant pour se stabiliser ensuite après quelque secondes. L'amplitude de courant est de plus en plus importante au fur et à mesure que la teneur en GaAs augmente. Cette intensité reprend sa valeur initiale dès que la lumière est éteinte. Ceci suggère que la présence de GaAs améliore la photoconductivité du matériau composite.

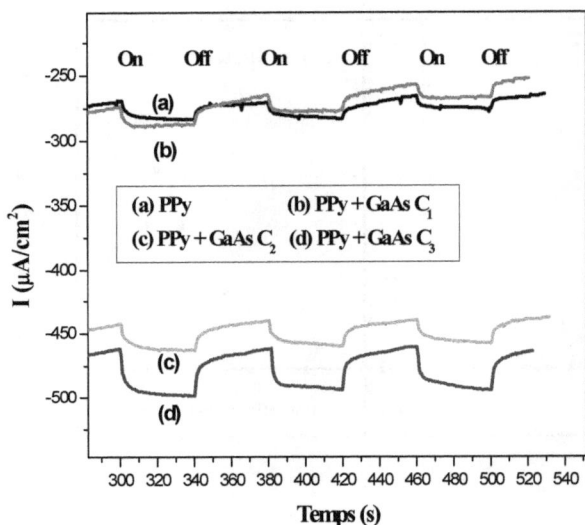

Figure 8. *Variation de la densité de courant en fonction du temps correspondant au PPy et (PPy+GaAs) à différentes teneurs en GaAs, déposés sur une électrode de platine dans le $CH_3CN/LiClO_4$ (10^{-1} M), enregistré en absence et en présence de la lumière.*

II.2.3. Etude de la jonction p-n

La figure 9 représente la variation des photocourants en fonction de potentiel allant de -1 à +1 V/ECS, de matériau composite (PPy+GaAs) dans une solution de

CH₃CN/LiCLO₄ (0.1M) sous illumination par une source de lumière polychromatique.

Comme le montre la courbe, en remarque que les photocourants sont négatifs dans le domaine des potentiels négatifs et ils sont positifs pour des valeurs de potentiels imposées positifs. Ceci suggère que le matériau composite obtenu se comporte comme un semi-conducteur de type p dans le domaine de potentiel négatif (réponse de PPy) et comme un semi-conducteur de type n dans le domaine de potentiel positif (réponse de GaAs) qui résulte a une jonction p-n.

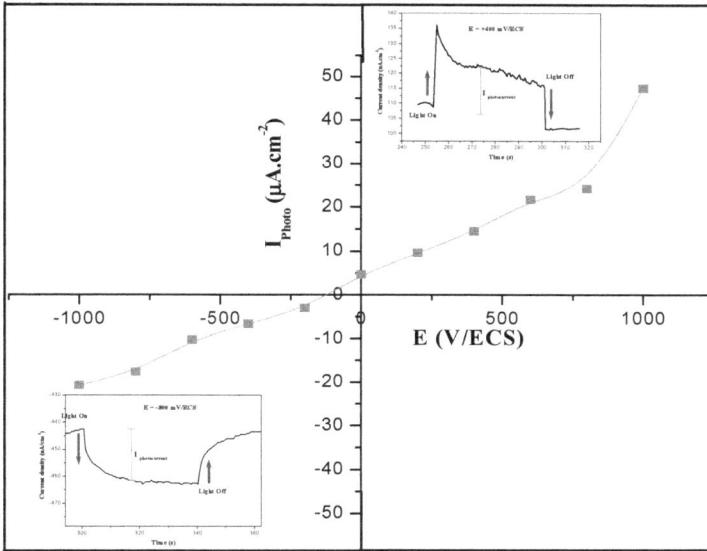

Figure 9. *Variation de l'intensité de photocourant en fonction de potentiel correspondant au film de matériau composite (PPy+GaAs) obtenu sur une électrode de platine.* [170]

III. MATERIAUX COMPOSITES OBTENUS A PARTIR DE PbiTh+InP

III.1. Caractérisation optique par spectroscopie UV-visible

Les spectres d'absorption correspondants aux films de PbiTh et de matériaux composites PbiTh+InP sont montrés dans la figure 10. Tous les spectres l'absorption ont deux bandes d'absorption, l'une dans la région du visible, qui est attribuée à la transition π-π^* de la chaîne principale de polymère conjugué, et une autre dans la région de l'ultraviolet (UV), qui est attribuée à l'absorption du polymère dopé [169-171].

On remarque que lors de l'ajout de l'InP, que l'absorbance de la bande principale du polymère augmente et celle observé dans le domaine du visible diminue. Un point isosbestique caractérisant un changement structural de la chaine de polymère est observé à λ = 550 nm. En effet, la présence de l'interaction des particules d'InP avec la chaine du polymère peut être responsable de la diminution de l'absorbance observé à λ = 700 nm de film de matériau composite par rapport à l'absorbance du film PbiTh seul.

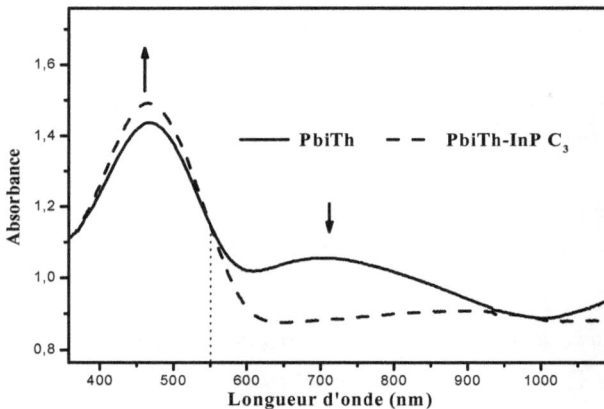

Figure 10. *Spectres UV-visible correspondants aux films de PbiTh et de PbiTh+InP*

III.2. Mesure de photocourants

Après formation des films du PbiTh ou PbiTh+GaAs sur une lame d'ITO, l'électrode modifiée ainsi obtenu a été rincée avec de l'acétonitrile et ensuite transférée dans une cellule photoelectrochimique contenant juste le système solvant/électrolyte support $CH_3CN/LiClO_4$ (0.1) M, en absence de monomère. L'étude est réalisée en absence du barbotage d'azote.

Les courbes de densité de courant en fonction du temps obtenues en absence et en présence de la lumière correspondant aux films de polybithiophène non ou modifiés par incorporation de GaAs autosupporté par ITO, immergé dans la solution de $CH_3CN/LiClO_4$ sont données dans la figure 11. Les courbes ont été enregistrées à un potentiel imposé de -0,8 V/ECS. Les films de polymère et de matériau composite présentent un photocourant cathodique, ceci est une caractéristique des polythiophènes [172-176]. Nous observons un photocourant négatif aux potentiels cathodiques, ceci confirme que dans ces conditions, le polymère se comporte comme un semi-conducteur de type p. Toutefois, il a été constaté aussi que lorsque le polymère est modifié avec des particules de semi-conducteur InP ; l'intensité de photocourant devient plus importante par rapport à ceux de polymère seul, montrant par ce fait que l'incorporation de l'InP améliore la photoconductivité du matériau.

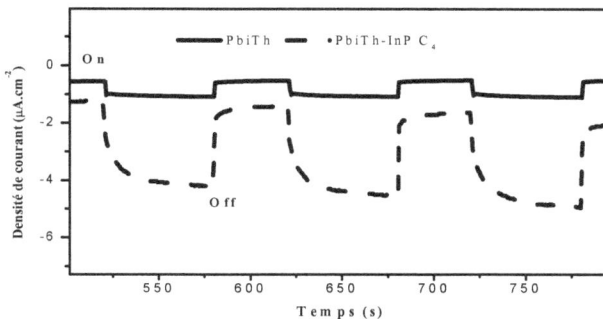

Figure 11. Variation de densité de courant en fonction du temps de PbiTh/ITO et de (PbiTh+InP)/ITO dans le $CH_3CN/LiClO_4$, obtenu à un potentiel de - 0,8 V/ECS en présence et en absence de la lumière.

VI. MATERIAUX COMPOSITES OBTENUS A PARTIR DE PbiTh+GaAs

VI.1. Spectroscopie UV-visible

La figure 12 représente les spectres d'absorption du matériau composite (PbiTh+GaAs), obtenus pour différentes teneurs de semi-conducteur inorganique (GaAs). Les spectres montrent deux bandes d'absorption ; la première (λ_{max} = 470 nm) dans la région du visible, attribuée à la transition π - π^* de la chaîne principale de polymère organique conducteur, et la seconde (λ_{max} = 750 nm) dans la région d'ultraviolet (UV), attribuée à l'absorption de l'espèce oxydée formée [169-171].

La bande d'absorption observée dans la région d'ultraviolet correspondant aux matériaux composites augmente avec la concentration de GaAs. Alors que celle qui est observée dans le visible diminue avec la concentration de semi-conducteur. Un point isosbestique à λ_{max} = 560 nm est aussi observée. Celui-ci traduit un changement physicochimique de la structure du film de polymère formé sur l'électrode, résultant de l'incorporation de GaAs.

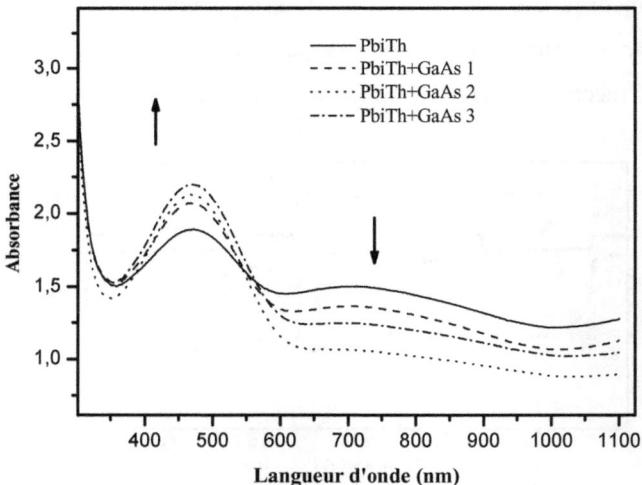

Figure 12. *Variation de l'absorbance de matériaux composites (PbiTh+GaAs) avec la teneur de GaAs.* [177]

VI.2. Mesure de photocourants

La figure 13 montre la variation de la densité de courant en fonction du temps réalisés en absence et en présence de la lumière polychromatique dans la solution de CH$_3$CN/LiClO$_4$, à un potentiel imposé de -0,8 V/ECS. On remarque qu'en présence de la lumière l'intensité du photocourant cathodique des matériaux composites (PbiTh+GaAs) croit avec la teneur en GaAs. Ceci est en parfait accord avec les travaux rapportés antérieurement sur les polythiophènes [171-174].

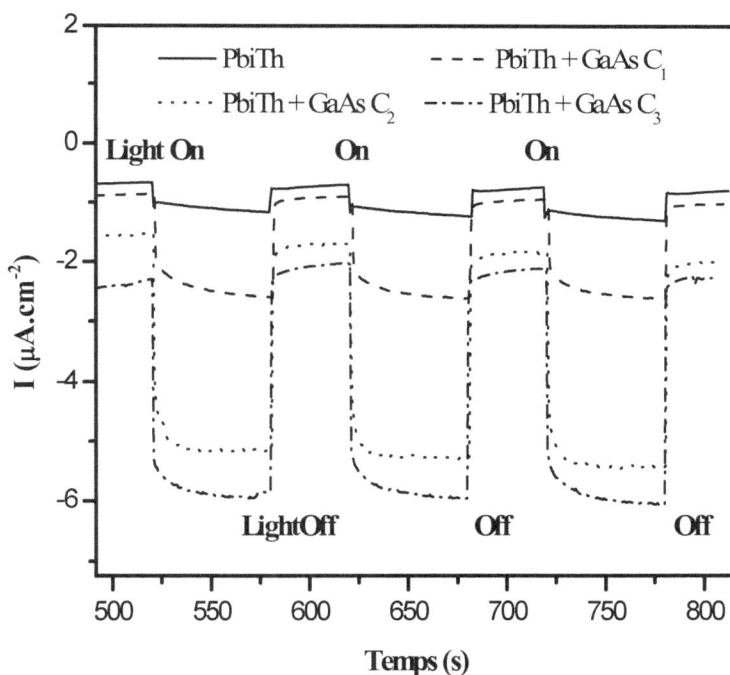

Figure 13. Variation de la densité de courant en fonction du temps relative au
PbiTh et au PbiTh+GaAs dans le CH$_3$CN/LiClO$_4$ à un potentiel imposé de - 0,8
V/ECS, obtenue en absence et en présence de la lumière, pour différentes teneurs en
GaAs.[177]

Ainsi, la présence d'un photocourant cathodique sous un potentiel négatif confirme, que le polymère est un semi-conducteur de type p. Aussi, des photocourants plus élevés par rapport à ceux de polymère sont obtenus avec le polymère modifié par incorporation des particules de semi-conducteurs GaAs. Ceci est justifié par l'augmentation de son intensité avec la teneur en GaAs.

Aussi, les photocourants générés par le polymère modifié avec le semi-conducteur, enregistrés sur la gamme de potentiel comprise entre -1200 et 200 mV/ECS sont plus élevés que ceux du polybithiophene seul (figure 14).

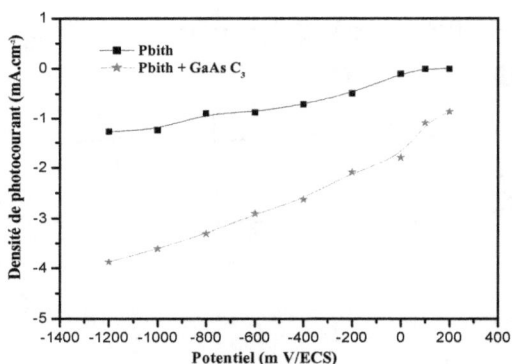

Figure 14. *Densité du photocourant en fonction du potentiel correspondant aux films de PbiTh/ITO et de (PbiTh+GaAs)/ITO, dans $CH_3CN/LiClO_4$, sur une gamme de potentiel comprise entre -1200 et +200 mV/ECS.*

La figure 15 montre la variation du photocourant en fonction du temps de PbiTh et de PbiTh+GaAs dans le $CH_3CN/LiClO_4$, obtenue à un potentiel imposé de -0,8 V/ECS pour différentes valeurs d'intensité lumineuse, choisie entre 10 et 100 mW.cm^{-2}. On constate que sur toute l'intervalle d'intensité lumineuse, l'intensité de photocourant généré par le matériau composite est nettement plus élevée que celle résultante du polymère non modifié par incorporation de GaAs.

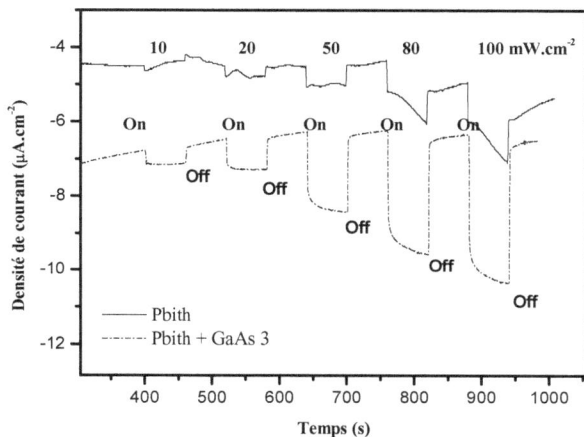

Figure 15. *Variation de la densité du courant en fonction du temps correspondant aux électrodes : PbiTh/ITO et le (PbiTh+GaAs)/ITO, dans le CH₃CN/LiClO₄, obtenue à un potentiel imposé de - 0,8 V/ECS en absence te ne présence de la lumière, pour différentes valeurs de l'intensité lumineuse.*

CONCLUSION

Dans ce travail nous avons synthétisé électrochimiquement quatre matériaux composites obtenus à partir d'un semi-conducteur inorganique (phosphure d'indium ou l'arséniure de gallium) incorporé dans un polymère organique conducteurs ; le poly bithiophène ou le polypyrrole.

Les méthodes électrochimiques utilisées pour la synthèse sont la voltampérométrie cyclique (cyclage), balayage de potentiel successif sur un domaine de potentiel, la chronoampérometrie ; méthode qui consiste à imposer un potentiel et suivre l'évolution du courant en fonction du temps.

L'analyse par voltampérométrie cyclique des films de matériaux composites (POC+SC) obtenus à partir d'un polymère organique conducteur conjugué dans lequel est incorporés le semi-conducteur (InP ou GaAs), effectuée dans un système solvant électrolyte support, en absence de monomère, ne montre aucune évolution de l'allure de voltampérogramme au cours de cyclage, ce qui suggère que le matériau composite obtenu est électrochimiquement stable et que l'incorporation de semi-conducteur dans le polymère n'affecte pas les propriétés électrochimiques du film, et que ce dernier est non électroactif. Ceci résulte aussi de la non solubilité du semi-conducteur.

La micrographie des matériaux composites suggère que les particules du semi-conducteur inorganique sont incorporées dans le polymère organique, ce qui modifie par conséquent la morphologie du film d'une manière significative. La bonne adhérence du polymère sur la surface des nanoparticules du semi-conducteur est à l'origine des changements des propriétés physicochimiques de matériaux.

La présence de semi-conducteur dans le matériau composite est confirmée par analyse de MEB et EDX. Par conséquent, nous considérons que les particules de semi-conducteurs peuvent être incorporées dans le polymère au cours de l'électropolmérisation du monomère en présence d'une faible agitation. Ceci conduit à la pigmentation du film de polymère, et permet l'obtention d'un matériau composite (POC+SC) qui se dépose sur la surface de l'électrode.

L'analyse par spectroscopie UV-visible des films de matériaux obtenus sur des lames d'ITO, en absence et en présence du semi-conducteur, montre que l'absorbance des matériaux composites est plus importante par rapport au film du polymère seul. Cette augmentation est attribué à la présence du semi-conducteur, qui, lui lors de son incorporation dans le film conduit d'une manière certaine à la modification de la structure du matériau et à l'obtention d'un nouveau matériau ayant d'autres propriétés optiques intéressantes.

Cependant, Il est à noter que les photocourants observés dans le cas des polymères sont négatifs ce qui explique que le polymère déposé électrochimiquemnt est un semi-conducteur de type p, ils sont positifs dans le cas de semi-conducteurs inorganique (type n), alors que dans le cas de matériau composite, ils sont négatifs dans le domaine des potentiels négatifs et ils sont positifs pour des valeurs de potentiels imposées positifs. Ceci suggère que le matériau composite obtenu se comporte comme un semi-conducteur de type p dans le domaine de potentiel négatif et comme un semi-conducteur de type n dans le domaine de potentiel positif (jonction p-n).

Les mesures photoélectrochimiques montrent aussi que les photocourants de matériau composite sont plus importants que ceux de polymère seul, ses résultats ouvrent bien des possibilités d'application de ces matériaux dans les cellules photovoltaïques hybrides.

En perspectives, nous prévoyons la synthèse d'autres nouveaux matériaux composites avec d'autres polymères organiques conjugués et semi-conducteurs, en introduisant d'autres méthodes de synthèses et techniques d'analyses, en vue d'améliorer les propriétés photoconductrices permettant de donner de rendements énergétiques meilleurs.

Références bibliographiques

[1] H. Hoppe, N.S. Sariciftci, J. Mater. Res., 19 (2004) 1924.

[2] G. Dennler, N.S. Sariciftci, Proc. IEEE, 93 (2005) 1429.

[3] D. Wöhrle, D. Meissner, Adv. Mater., 3 (1991) 129.

[4] R. Singh, D. N. Srivastava, R. A. Singh. Synth. Met., 121 (2001) 1439.

[5] B. Lucas, B. Ratier, A. Moliton, J. P. M. Lepofi, T. F Otero, C. Santamaria, E. Angulo, J. Rodriguez, Synth. Met., 55 (1993)1459.

[6] W. J. E. Beek, M. J. Wienk, R. A. J. Janssen, Adv. Mater., 16 (2004)1009.

[7] S. Carrara, V. Bavastrello, M. K. Ram, C. Nicolini. Thin Solid Films 510 (2006)229-234.

[8] S. Karg, W. Reiss, V. Dyakonov, M. Schwoerer, Synth. Met., 54 (1993) 427.

[9] H. Randriamahazaka, V. Noël, S. Guillerez, C. Chevrot. J. Electroanal. Chem., 585 (2005)157.

[5] A. Okada, A. Usuki, Mater. Sci. Enging., 3 (1995)109.

[6] J. W. Gilman. Appl. Clay Sci., 15 (1999)31.

[7] Q-T. Vu, M. Pavlik, N. Hebestreit, U. Rammelt, W. Plieth, J. Pfleger. Reac. Func. Polym., 65 (2005) 69.

[8] S. P. Armes. Polym. News, 20 (1995) 233.

[9] D. Y. Godovski. Adv. Polym. Sci., 79 (1995)119.

[10] K. Majid, R. Tabassum, A. F. Shah, S. Ahmad, M. L. Singla, J. Mater Sci: Mater. Electron., 20 (2009) 958.

[11] E. Arici, D. Meissner, F. Schäffler, N. S. Sariciftci, Int. J. Photoenergy 5 (2003) 199.

[12] M. Mallouki, F. Tran-Van, C. Sarrazin, P. Simon, B. Daffos, A. De, C. Chevrot, J. Fauvarque, J. Solid State Electrochem., 11 (2007)398.

[13] N. Ch. Das, P. E. Sokol, Renewable Energy, 35 (2010) 2683.

[14] N. Balci, E. Bayramli, L. Toppare, J. Appl. Polym. Sci., 64 (1997) 667.

[15] C. K. Chiang, C. R. Fincher, Y. W. Park, A. J. Heeger, H. Shirakawa, E. J. Louis, S. Gau, A. G. M. Diarmid, Phys. Rev. Lett., 39 (1977) 1089.

[16] H. Shirakawa, E. J. Louis, A. G. MacDiarmid, C. K. Chiang, A. J. Heeger, J. Chem. Soc. Chem. Commun., 16 (1977) 578.

[17] O. A. Semenikhin, C. Stromberg, M. R. Ehrenburg, U. Konig, J. W. Schultze, Electrochimica Acta, 47 (2001) 171.

[18] M. Jadamiec, M. Lapkowski, M. Matlengiewicz, A. Brembilla, B. Henry, L. Rodehûser, Electrochimica Acta, 52 (2007) 6146.

[19] W. Lu, D. Zhou, G.G. Wallace, Analytical Communications, 35 (1998) 245.

[20] F. Jonas, W. Kraft, B. Muys, Macromol. Symp., 100 (1995) 169.

[21] E. Ruckenstein, J.S. Park, Polymer Composites, 12 (1991) 289.

[22] L. Olmédo, P. Hourquebie, F. Jousse, "Microwave Properties of Conductive Polymers." in Handbook of Organic Conductive Molecules and Polymers, Vol. 3, Conductive Polymers: Spectroscopy and Physical Properties., p. 367, H.S. Nalwa (Ed.); John Wiley and Sons, (1997).

[23] C. Iwakura, Y. Kajiya and H. Yoneyama, J. Chem. Soc. Chem. Commun., (1988)1019.

[24] M. Abdou, Z. Xie, Synth. Met., 52 (1992) 159.

[25] D. Fichou, G. Horowitz, F. Garnier, Springer Series in Solid-State Science, 107 (1991) 452.

[26] J. C. W. Chien, Polyacetylene : Chemistry, Physics and Material Science, p. 597, (Ed.); Academic Press, New York (1984).

[27] A. F. Diaz, J. F. Rubinson, H. B. Mark, Advances in Polymer Science, p. 113, (Ed.); Springer-Verlag, Berlin (1988).

[28] L. W. Shacklette, M. Maxfield, S. Gould, J. F. Wolf, J. R. Jow, R.H. Baughman, Synth. Met., 18 (1987) 611.

[29] T. Kabata, O. Kimura, S. Yoneyama, T. Ohsawa, Progress in Batteries and Solar Cells, 8 (1989) 191.

[30] J.C. Carlberg, O. Inganäs, J. Electrochem. Soc., 144 (1997) L61.

[31] T. F. Otero, "Artificial Muscles, Electrodissolution and Redox Processes in Conducting Polymers.", in Handbook of Organic Conductive Molecules and Polymers, Vol. 4, p. 517, H.S. Nalwa (Ed.); John Wiley & Sons, (1997).

[32] E. Smela, J. Micromech. Microeng., 9 (1999) 1

[33] W. E. Price, A. Mirmohseni, C. O. Too, G. G. Wallace, H. Zhao, "Intelligent Membranes", in Encyclopedia of Polymeric Materials, p. 3274, B. Raton (Ed.); CRC Press, (1996).

[34] J. Burroughes, D. Bradley, Nature, 347 (1991) 539.

[35] Y. Kaminorz, E. Smela, T. Johansson, L. Brehmer, M. R. Andersson, O. Inganäs, Synth. Met., 113 (2000) 103.

[36] K. Y. Jen, G. G. Miller, R. L. Elsenbaumer, Journal of the Chemical Society D Chemical Communications, 17 (1986)1346.

[37] H-C. Liang, X-Z. Li, Applied Catalysis B: Environmental, 86 (2009) 8.

[38] N. Colaneri, M. Kobayashi, A. J. Heeger, et col., Synth. Met., 14 (1986) 45.

[39] J. Roncali, Chemical Reviews, 97 (1997) 173.

[40] A. Ajayaghosh, Chemical Society Reviews, 32 (2003) 181.

[41] J. H. Borrough, R. H. Friend, Conjugated polymers : the novel science and technology of highly conducting and nonlinear optically active materials, edited by R. Silbey (Kluwer Academic Press, Dordrecht, 1991), p. 555.

[42] A. J. Heeger, Handbook of conducting polymers, edited by M. Dekker, New York, (1986), Vol. 2, p. 279.

[43] J. L. Bredas, Conjugated polymers and related materials: the interconnection of chemical and electronic structure, edited by B. Ranby, Oxford University Press, Oxford, 1993, p. 187.

[44] P. Reiss and A. Pron, Encyclopedia of nanoscience and nanotechnology, edited by H. S. Nalwa, American Scientific Publishers, Stevenson Ranch, Californy, 2004, Vol. 6, p. 587.

[45] T. C. Chung, J. H. Kaufman, A. J. Heeger, F. Wudl, Physical Review B Condensed Matter, 30 (1984) 702.

[46] M. Sato, S. Tanaka, K. Kaeriyama, Synth. Met., 14 (1986) 279.

[47] G. Grem, G. Leditzky, B. Ullrich, G. Leising, Synth. Met., 51 (1992) 383.

[48] G. Grem, G. Leditzky, B. Ullrich, G. Leising, Advanced Materials, 4 (1992) 36.

[49] K. Yoshino, T. Takiguchi, S. Hayashi, D. H. Park, R. Sugimoto, Japanese Journal of Applied Physics, Part 1 Regular Papers and Short Notes, 25 (1986) 881.

[50] J. L. Bredas, Handbook of conducting polymers, edited by M. Dekker, New York, (1986), Vol. 2, p. 859.

[51] E. J. W. List, C. Creely, G. Leising, N. Schulte, A. D. Schluter, U. Scherf, K. Mullen, W. Graupner, Chem. Phys. Let., 325 (2000) 132.

[52] G. Yu, A. J. Heeger, J. Appl. Phys., 78 (1995) 4510.

[53] J. C. Hummelen, B. W. Knight, F. LePeq, F. Wudl, J. Org. Chem., 60 (1995) 532.

[54] T. Tsuzuki, Y. Shirota, J. Rostalski, D. Meissner, Solar Energy Materials and Solar Cells, 61 (2000) 1.

[55] J. H. Schön, C. Kloc, E. Bucher, B. Batlogg, Nature, 403 (2000) 408.

[56] J. Heinze, Electronically conducting polymers. Topics in Current Chemistry, Electrochemistry IV Vol. 152. (1990): Springer-Verlag . 1-47.

[57] G. P. Evans, The electrochemistry of conducting polymers . Advances in electrochemical science and engineering , Ed. H. GERISCHER and C .W. TOBIAS . Vol. 1 .(1990). 1-75.

[58] E. M. Genies, G. Bidan , A. F. Diaz, Journal of Electroanalytical Chemistry, 149 (1983) 101.

[59] R. J. Waltman, J. Bargon, Canadian journal of chemistry, 64 (1986) 76.

[60] G. A. Wood, J. O. Iroh, Synth. Met., 80 (1996)73.

[61] P. Audebert, P. Hapiot, Synth. Met., 75 (1995) 95.

[62] C. K. Baker, J.R. Reynolds, Journal of Electroanalytical Chemistry, 251 (1988)307.

[63] P. Audebert, J.-M. Catel, G. L. Coustumer, V. Duchenet, P. Hapiot, Journal of physical Chemistry, 99 (1995) 11923.

[64] Belkacem Nessakh. Thèse de doctorat, Université de Paris VII, France (1994).

[65] P. Novak, W. Vielstich, Journal of Electroanalytical Chemistry, 300 (1991) 99.

[66] R. Bilger, J. Heinze, Synth. Met., 41-43 (1991) 2893.

[67] A. F. Diaz, J. I. Castillo, J. A. Logan, W-Y. Lee., Journal of Electroanalytical
Chemistry, 129 (1981)115.

[68] M. L. Marcos, I. Rodriguez, J. Gonzalez-Velasco, Electrochimica Acta, 32
(1987)1453.

[69] K. Keiji Kanazawa, A.F. Diaz, W.D. Gill, P.M. Grant, G.B. Street, G. P.
Gardini, J.F. Kwak, et al., Synth. Met., 1 (1980) 329.

[70] C. D. P. Rosa, M. A. Depaoli, M. T. Roberto, Synth. Met. 48 (1992) 259.

[71] H. S. Nalwa, Handbook of organic conductive molecules and polymers. Vol. 2:
Conductive polymers: synthesis and electrical properties. 1997: John Wiley &
Sons. 865.

[72] G. Tourillon, F. Garnier, Journal of Electroanalytical Chemistry, 135 (1982) 173.

[73] M. Yamaura, T. Hagiwara, K. Iwata, Synth. Met., 26 (1988) 209.

[74] R. Stanković, V. Laninović, M.Vojnović, O. Pavlović, N. Krstajić, S. Jovanović,
Materials Science Forum, 214 (1996) 147.

[75] A. F. Diaz, K. K. Kanazawa, G. P. Gardini, Journal of Chemical Society.
Chemical Communication, 373 (1979) 635.

[76] J. Roncali, Chemical Reviews, 92 (1992) 711.

[77] K. Gurunathan, A. Vadivel Murugan, R. Marimuthu, U. P. Mulik, D. P.
Amalnerkar, Materials Chemistry and Physics, 61 (1999) 173.

[78] G. Tourillon, F. Garnier, J. Electroanal. Chem., 161 (1984) 51.

[79] D. J. Guerrero, X. Ren, J. P. Ferraris, Chem. Mater., 6 (1994) 1437.

[80] J. P. Ferraris, M. M. Eissa, I. D. Brotherston, D. C. Loveday, Chem. Mater.
10 (1998) 3528.

[81] C. Arbizzani, M. Catellani, M. Mastragostino, M. G. Cerroni, J. Electroanal.
Chem., 423 (1997) 23.

[82] B. Ballarin, R. Seeber, D. Tonelli, D. Andreani, P. Costa Bizzarri, C. Della Casa,
E. alatelli, Synth. Met., 88 (1997) 7.

[83] S. Aeiyach, A. Kone, M. Dieng, J. J. Aaron, P. C. Lacaze, J. Chem. Soc., Chem. Commun., (1991) 822.

[84] H. Sarker, Y. Gofer, J. G. Killian, T. O. Poehler, P. C. Searson, Synth. Met., 97 (1998) 1.

[85] S. Mu, S-M. Park, Synth. Met., 69 (1995) 311.

[86] Y. Gofer, J. G. Killian, H. Sarker, T. O. Poehler, P. C. Searson, J. Electroanal. Chem., 443 (1998) 103.

[87] O. A. Semenikhin, L. Jiang, T. Iyoda, K. Hashimoto, A. Fujishima, Synth. Met., 110 (2000) 195.

[88] M. Leclerc, F. M. Diaz, G. Wegner, Makromol. Chem., 190 (1989) 3105.

[89] F. Garnier, G. Tourillon, J. Y. Barraud, H. Dexpert, J. Mat. Science, 20 (1985) 2687.

[90] M. Shimomura, M. Kaga, N. Nakayama, S. Miyauchi, Synth. Met., 69 (1995) 313.

[91] B. Pépin-Donat, B. Sixou, A. De Geyer, A. Viallat, L. WonFahHin, J. Chim. Phys., 95 (1998) 1225.

[92] M. Lemaire, R. Garreau, D. Delabouglise, J. Roncali, H. K. Youssoufi, F. Garnier, New J. Chem., 14 (1990) 359.

[93] M. Leclerc, K. Faïd, Handbook of Conducting Polymers 2nd Ed. T.A.Skotheim, R.L.Elsenbauer and J.R.Reynolds (1998) 225.

[94] T. Yohannes, J. C. Carlberg, O. Inganäs, T. Solomon, Synth. Met., 88 (1997) 15.

[95] L. Kreja, W. Czervinski, J. Kurzawa, M. Kurzawa, Synth. Met., 72 (1995) 153.

[96] J. Roncali, Chemical Reviews, 97 (1997) 173.

[97] O. Inganäs, Indian Journal of Chemistry, 33A (1994) 499.

[98] J. E. Österholm, J. Laakso, P. Nyholm, H. Isotalo, H. Stubb, O. Inganäs, W. R. Salaneck, Synth. Met., 28 (1989) 435.

[99] M. Aizawa, S. Watanabe, H. Shinohara, H. Shirakawa, J. Chem. Soc., Chem. Commun. (1985) 264.

[100] M. Lapkowski, A. Pron, Synth. Met., 110 (2000) 79.

[101] T. Yamamoto, K. Saneshika, A. Yamamoto, J. Polym. Sci., Letters Ed., 18 (1980) 9.

[102] R. D. McCullough, S. P. Williams, S. Tristam-Nagle, M. Jayaraman, P. C. Ewbank, L. Miller, Synth. Met., 69 (1995) 279.

[103] K. Doblhofer, K. Rajeshwar, Handbook of Conducting Polymers 2nd éd., Edité par T. A. Skotheim, R. L. Elsenbauer and J. R. Reynolds (1998) 531-588.

[104] F. Mohammad, Synth. Met., 99 (1999) 149.

[105] C. Arbizzani, M. Catellani, M. Mastragostino, C. Mingazzini, Electrochimica Acta, 40 (1995) 1871.

[106] H. Sarker, Y. Gofer, J. G. Killian, T. O. Poehler, P. C. Searson, Synth. Met., 88 (1997) 179.

[107] C. Arbizzani, M. Mastragostino, L. Meneghello, Electrochimica Acta, 41 (1996) 21.

[108] C. Visy, J. Kankare, J. Electroanal. Chem., 442 (1998) 175.

[109] J. A. Reedijk, H. C. F. Martens, S. M. C. Van Bohemen, O. Hilt, H. B. Brom, M. A. J. Michels, Synth. Met., 101 (1999) 475.

[110] U. Barsch, F. Beck, Synth. Met., 55-57 (1993) 1638.

[111] A. R. Hillman, M. J. Swann, Electrochimica Acta, 33 (1989)1303.

[112] C. B. Murray , C. R. Kagan, M. G. Bawendi., Annu. Rev. Mater. Sci., 30 (2000) 545.

[113] A. L. Rogach, D. V. Talapin, E. V. Shevchenko, A. Kornawski, M. Haase, H. Weller., Adv. Funct. Mat., 12 (2002) 40.

[114] F. Chandezon, P. Reiss, Les nanocristaux semionducteurs fluorescents-des nanocristaux aux applications multiples Technique de l'ingénieur, Traité de physique de chimie, RE22 (2004), 1-15.

[115] H. Mathieu, Physique des semi-conducteurs et des composants électroniques. 4ème éd, Edit. Masson, (1998).

[116] C. Kittel., Physique de l'état solide. Edit, Dunod université (1983).

[117] D. Bimberg et coll., Landolt-Bornstein series : Crystal and solid state physics –

Vol. III/17a et 17b, O. Madelung (Ed.), Springer (1982).

[118] A. Dargys, J. Kundrotas. Handbook on physical properties of Ge, Si, GaAs, and InP Vilniaus, Science and Encyclopaedia Publisher, 1994.

[119] H. Welker, Z. Naturforsch, 7A (1952) 744.

[120] Dupray Valerie. Thèse de doctorat, Université de Rouen, Mont-Saint-Aignan, France (1999).

[121] Z. Griffith , Y. M. Kim, M. Dahlström, A. C. Gossard, M. J. W Rodwell. International conference on indium phosphide and related materials, Kagoshima, Japan (2004).

[122] N. C. Greenham, X. Peng, A. P. Alivisatos, phys. Rev., B 54 (1996)17628.

[123] W. U. Huynh, J. J. Dittmer, A. P. Alivisatos, Solar Cells Science, 295 (2002) 2425.

[124] Y. Kang, N-G. Park, D. Kim, Appel. Phys. Lett., 86 (2005)113.

[125] J. Waldo, E. Beek, M. M. Wienk, M. Kemerinx , X. Yang. J. Phys. Chem .B., 109 (2005) 9505.

[126] E. Arici , H. Ehoope, F. Schafler, D. Meissner, M. A. Malik, N. S. Sariciftci, Appl.Phys.A, 79 (2004)59.

[127] S. A. Mcdonald, G. Konstantatos, S. Zhang, P. W. Cyr, E. J. D. Klen, L. Levina, E. H. Sargent, Nature Materials, 4 (2005) 138.

[128] B. Sun, H. J.Snaith, A. S. Dhoot, S. Westenhoff, N. C. Greenham, J. Appl. Phys., 97 (2005) 1.

[129] H. J. Snaith, G. L. Whiting, B. Sun, N. C. Greenham, W. T. S. Huck, R. H. Friend, Nano Lett., 5 (2005) 1653.

[130] D. J. Milliron, A. P. Alivisatos, C. Pitois, C. Edder, J. M. J. Frechet, Adv. Mater., 15 (2003) 58.

[131] J. Locklin, D. Patton, S. Deng, A. Baba, M. Millan, R. C. Advincula. Chem.Mater., 16 (2004) 5187.

[132] H. Spanggaard, F. C. Krebs, Solar Energy Materials and Solar Cells, 83 (2004) 125.

[133] J. Liu, T. Tanaka, K. Sivula, A. P. Alivisatos, J. M. J. Frechet, J.Am.Chem.Soc.

126 (2004) 6550.

[134] C. W. Tang, Appl. Phys. Lett., 48 (1986) 183.

[135] Y. Harima, K. Yamashita, H. Suzuki, Appl. Phys. Lett., 45 (1984) 10.

[136] S. E. Shaheen, C. J. Brabec, N. S. Sariciftci, F. Padinger, T. Fromherz, J. C. Hummelen Appl. phys. Lett., 78 (2001) 841.

[137] S. Glenis, G. Horowitz, G. Tourillon, F. Garnier, Thin Solid Films, 111 (1984) 93.

[138] S. Glenis, G. Tourillon, F. Garnier, Thin Solid Films, 139 (1986) 221.

[139] G. Gustafsson, O. Iganäs, M. Sundberg, C. Svensson, Synth. Met., 41-43 (1991) 499.

[140] F. J. Esselink, G. Hadziioannou, Synth. Met., 75 (1995) 209.

[141] M. Boman, S. Stafström, J. L. Brédas, J. Chem. Phys., 97 (1992) 9144.

[142] C. Fredriksson, J. L. Brédas, J. Chem. Phys., 98 (1993) 4253.

[143] W. A. Gazzotti, A. F. Nogueira, E.M. Girotto, L. Micaroni, M. Martini, S. das Neves, M.-A. De Paoli, "Optical devices based on conductive polymers", Handbook of Advanced Electronic and Photonic Materials and Devices, Editora: Academic Press, 53-98 (2000).

[144] W. Rieb, S. Karg, V. Diakonov, M. Meier, M. Schweorer, J. Luminescence, 60-61 (1994) 906.

[145] K. Yamashita, Y. Kunugi, Y. Harima, A. N. Chowdhury, Jpn. J. Appl. Phys., 34 (1995) 3794.

[146] M. Aizawa, H. Shinohara, T. Yamada, K. Akagi, H. Shirakawa, Synth. Met., 18 (1987) 711.

[147] M. Onoda, K. Tada, A.A. Zakhidov, K. Yoshino, Thin Solid Films, 331 (1998) 76.

[148] J. J. M. Halls, K. Pichler, , R. H. Friend, S. C. Morati, A. B. Holmes, Appl. Phys. Lett., 68 (1996) 22.

[149] K.M. Coakley, M.D. McGehee, Chem. Mater., 16 (2004) 4533.

[150] R. Zhu, C.-Y. Jiang, B. Liu, S. Ramakrishna, Adv. Mater., 21 (2009) 994.

[151] L.B. Roberson, M.A. Poggi, J. Kowalik, G.P. Smestad, L.A. Bottomley, L.M. Tolbert, Coord. Chem. Rev., 248 (2004) 1491.

[152] K.M. Coakley, D. McGehee, Appl. Phys. Lett., 83 (2003) 3380.

[153] Y. Kang, D. Kim, Sol. Energy Mater. Sol. Cells, 90 (2006) 166.

[154] H. Geng, Y. Guo, R. Peng, S. Han, M. Wang Solar Energy Materials and Solar Cells, 94 (2010)1293.

[155] S. Gentil, E. Crespo, I. Rojo, A. Friang, C. Vinas, F. Teixidor, B. Gruner, D. Gabel. Polymer 46(2005) 12218-12225.

[156] J. R. Macdonald Impedance Spectroscopy. Wiley, New York. Pp, 1987.

[157] H. Ximin, S. Gaoquan. Sens Actuators B 115 (2006) 488-493

[158] T. A. Skotheim, Handbook of Conducting Polymers, Marcel Dekker, New York, 1986.

[159] K. K. Shiu, Y. Zhang, K. Y. Wong. J. Electroanal. Chem. 389 (1995)105-114.

[160] F. Zhang, A. Petr, U. Kirbach, L. Dunsch, Highlights (2001) 33.

[161] Q.-T. Vu, M. Pavlik, N. Hebestreit, J. Pfleger, U. Rammelt,W. Plieth, Electrochim. Acta 51 (2005) 1117.

[162] F. Habelhames, B. Nessark, D. Bouhafs, A. Cheriet, H. Derbal Ionics 16 (2010)177.

[163] W.H. Laflere, F. Cardon, W.P. Gomes, Surface science 44 (1974) 541.

[164] H. Kim, W. Chang, Synth Met 101 (1999)150.

[165] F. L. C. Miquelino., M. A. De Paoli, E. M. Geniès, Synth Met 68 (1994) 91.

[166] C. Zhao, H. Wang, Z. Jiang, Appl. Surf. Sci., 207 (2003) 6.

[167] U. Rammelt, S. Bischo, M. El-Dessouki, R. Schulze, W. Plieth, L. Dunsch, J Solid State Electrochem 3 (1999) 406.

[168] H. Yao, S-L. Yau, K. Itaya, Surf. Sci. 335 (1995)166.

[169] E. J. Zhou, C. He, Z. A. Tan, C. H. Yang, Y. F. Li, J. Polym. Sci. A 44 (2006) 4916.

[170] F. Habelhames, B.Nessark, M.Girtan, Mater. Sci. Semicond. Process

13(2010)141

[171] J. H. Hou, Z. A. Tan, Y. Yan, Y. J. He, C. H. Yang, Y. F. Li, J. Am. Chem. Soc. 128 (2006) 4911.

[172] J. H. Hou, L. J. Huo, C. He, C. H. Yang, Y. F. Li, Macromolecules 39 (2006) 594.

[173] O.A. Semenikhin, E.V. Ovsyannikova, M.R. Ehrenburg, N.M. Alpatova, V.E. Kazarinov, J. Electroanal. Chem. 494 (2000) 1.

[174] O.A. Semenikhin, E.V. Ovsyannikova, N.M. Alpatova, Z.A. Rotenberg, V.E. Kazarinov, J. Electroanal. Chem. 463 (1999) 190.

[175] J. J. Tindale, H. Holm, M. S. Workentin, O. A. Semenikhin, J. Electroanal. Chem. 612 (2008) 219.

[176] T. Kantzas, K. O'Neil, O. A. Semenikhin, Electrochim. Acta 53 (2007) 1225.

[177] F. Hab Elhames, B. Nessark, N. Boumaza, A. Bahloul, D. Bouhafs, A. Cheriet, Synth. Met. 159 (2009) 1349.

More Books!

Oui, je veux morebooks!

I want morebooks!

Buy your books fast and straightforward online - at one of the world's fastest growing online book stores! Environmentally sound due to Print-on-Demand technologies.

Buy your books online at
www.get-morebooks.com

Achetez vos livres en ligne, vite et bien, sur l'une des librairies en ligne les plus performantes au monde!
En protégeant nos ressources et notre environnement grâce à l'impression à la demande.

La librairie en ligne pour acheter plus vite
www.morebooks.fr

OmniScriptum Marketing DEU GmbH
Heinrich-Böcking-Str. 6-8
D - 66121 Saarbrücken
Telefax: +49 681 93 81 567-9

info@omniscriptum.com
www.omniscriptum.com

OMNIScriptum

www.ingramcontent.com/pod-product-compliance
Lightning Source LLC
Chambersburg PA
CBHW021604210326
41599CB00010B/590